Python

実践 Python ライブラリー

はじめての
Python &
seaborn

グラフ作成プログラミング

十河宏行 [著]

朝倉書店

はじめに

　本書は，実験や調査を行う専門分野の大学生を主な読者として想定した「プログラムを書いてコンピューターにグラフを描かせる方法」の解説書である．想定する読者のみなさんは恐らく，Microsoft Excel などのソフトウェアを使ってマウス操作でグラフに使用する数値データを選んだり，グラフの種類を選んだりしながらグラフを作成しているのではないかと思う．そのような便利なソフトウェアがすでにあるのに，なぜわざわざ「グラフを描くプログラム」の作り方を学ぼうというのだろう？　具体的な例の方がイメージしやすいだろうから，次の A 先生と B さんのような状況を考えてみよう．

　B さんは卒業論文に向けての調査で人を対象とした測定実験を行っています．30 人分のデータをとり終えて，実験参加者毎に平均値を計算しました．さらにその参加者別平均値から全体の平均値と標準偏差を計算して，表計算ソフトウェア (なんでもよいのですが Excel としましょう) で棒グラフを描きました．標準偏差を表すエラーバーも付けてこれでばっちりと思って A 先生のところへ持っていったら A 先生は渋い顔．どうも先行調査と比べてデータの傾向がずいぶん違うというのです．そこで A 先生，各参加者の「生」のデータの分布が見たいから，参加者別にヒストグラムを描いてこいと言いました．しかも，見やすいようにすべてのグラフの縦軸を揃えろと言うのです．B さんは Excel でヒストグラムを描く方法自体は演習の授業で習ってはいましたが，あの作業を 30 回も繰り返すなんてもう想像しただけでげんなりしてしまいました．

　こんな時，みなさんはどうするだろう．面倒くさいなあと思いつつコンピューターに向かって 1 枚ずつヒストグラムを描くだろうか．別にそうしても構わないのだが，ちょっと待ってほしい．人間は同じ作業をひたすら繰り返すと疲れたり飽きたりするし，間違いもするだろう．一方，グラフの描画のように手順がはっきりしている作業を繰り返すのはコンピューターが得意としていることで，グラフを作成するプログラムを書いてやれば 30 人分どころか 1000 人分以上でも休まず正確にやり通してくれ

はじめに

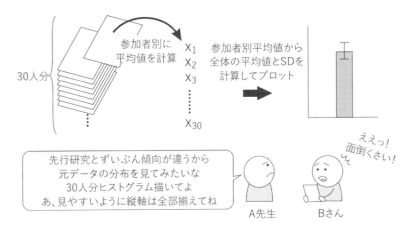

る．せっかくコンピューターを使って作業するのだから，ぜひ一度は「プログラムを書いてコンピューターに作業をさせる」ことを体験してほしいと思う．

さて，プログラムを書くためには，プログラミング言語を学ぶ必要がある．本書ではPythonというプログラミング言語を使用する．PythonはWindowsやMacintoshをはじめ様々な環境で使用することができる上，必要なソフトウェアはインターネット接続さえあれば無料で入手できるので手軽に学習を始めることができる．近年は日本語で書かれた解説書も数多く出版されているという利点もある．また，Googleの標準言語の1つに採択されていたり，人工知能やデータサイエンスといった分野からゲーム開発まで幅広い分野で使用されていたりするなど実績も十分である．本書で取り上げるグラフ作成はプログラムを実行した結果がグラフで視覚的に得られるので，Pythonに興味を持った人が「とりあえず試してみる」題材としてもよいのではなかろうか．

本書の分量ではPythonによるプログラミングの基礎知識をすべて解説することはできないので，グラフを描く作業を進めながら必要な用語などを解説することとした．また，誤ったプログラムを書いてしまった時に表示されるエラーメッセージについても，紙面が許す範囲で実例を示しながらその意味を解説するように努めた．本書をきっかけに読者のみなさんがプログラミングに興味を持ってくださされば幸いである．

2019年1月

十河 宏行

目 次

1. **Python の準備** ··· 1
   - 1.1 Python と Anaconda ·· 1
   - 1.2 Anaconda のインストール ··································· 2

2. **いきなり棒グラフを描いてみる** ··································· 7
   - 2.1 Spyder の画面を覚える ······································ 7
   - 2.2 一通り作業してみる ·· 8
   - 2.3 関数と引数 ··· 11
   - 2.4 位置引数とキーワード引数 ·································· 13
   - 2.5 import 文 ·· 14

3. **Python でデータを表現する** ····································· 16
   - 3.1 変　　数 ··· 16
   - 3.2 変数に使える名前 ·· 17
   - 3.3 数値を表現する ·· 19
   - 3.4 文字を表現する ·· 21
   - 3.5 list, tuple で値を並べてまとめる ····························· 23
   - 3.6 データを互いに変換する ···································· 27
   - 3.7 その他の大切なデータ型：dict, bool, None ···················· 28
   - 3.8 NumPy の ndarray オブジェクトによるデータの表現 ············ 32
   - 3.9 クラスのデータ属性とメソッド ······························ 35

4. **ファイルからデータを読み込む** ·································· 38
   - 4.1 カンマで区切られたテキストファイルを読み込む ················ 38
   - 4.2 read_csv() を使いこなす ··································· 44
   - 4.3 Excel ブックからデータを読み込む ··························· 50
   - 4.4 クリップボードからデータを読み込む ························· 55
   - 4.5 seaborn のサンプルデータセットを読み込む ··················· 55

5. ヘルプドキュメントを利用する ... 58
- 5.1 ヘルプドキュメントの表示 ... 58
- 5.2 引数の展開 ... 61

6. seaborn でいろいろなグラフを描く ... 64
- 6.1 改めて seaborn の `barplot()` について学ぶ ... 64
- 6.2 折れ線グラフを描く ... 67
- 6.3 分布を描く ... 69
- 6.4 二変量の分布を描く ... 72
- 6.5 多変量の分布を描く ... 75
- 6.6 データの分布を示すその他のプロット ... 78
- 6.7 カテゴリカル変数のヒストグラム，ヒートマップ ... 80

7. グラフでの日本語表示と Python の制御文 ... 84
- 7.1 seaborn と matplotlib ... 84
- 7.2 matplotlib の設定を調べる ... 85
- 7.3 for 文を使って繰り返し作業を自動化する ... 87
- 7.4 if 文を使って処理を振り分ける ... 90
- 7.5 複数の制御文を組み合わせて使用する ... 92
- 7.6 さらに制御文について学ぶ ... 95
- 7.7 matplotlib の設定ファイルを編集する ... 97
- 7.8 インターネットからフォントを入手して利用する ... 97
- 7.9 フォントファイルをインストールできない場合 ... 101

8. ファイルから Python のプログラムを実行する ... 102
- 8.1 スクリプトを作成する ... 102
- 8.2 スクリプトを実行する ... 105
- 8.3 デバッグ機能を利用する ... 108

9. グラフの体裁を調整する ... 115
- 9.1 スタイルとコンテキストを用いてデザインを変更する ... 115
- 9.2 グラフの大きさを変更する ... 118
- 9.3 色の指定 ... 119
- 9.4 パレットを用いて色を変更する ... 121
- 9.5 グラフの枠を削除する ... 124

9.6	軸範囲と目盛の調整	127
9.7	軸ラベル，グラフタイトル，凡例の調節	130

10. 複合的なグラフを作成する … 134
- 10.1 左右のY軸に異なるデータをプロットする … 134
- 10.2 データをカテゴリで分割して複数のグラフに割り当てる … 136
- 10.3 別個のグラフを1つのFigureにプロットする … 139

11. グラフをファイルに保存する … 142
- 11.1 手作業でグラフを保存する … 142
- 11.2 グラフを保存するスクリプトを書く … 144
- 11.3 複数のデータファイルから自動的にグラフを描いて保存する … 146
- 11.4 `format()`で数値を文字列へ柔軟に変換する … 148
- 11.5 ディレクトリ内のすべてのファイルに対して処理を行う … 153
- 11.6 サブディレクトリ内も含めてすべてのファイルに対して処理を行う … 155

12. データの抽出と関数の高度な活用 … 157
- 12.1 スライスによるデータの抽出 … 157
- 12.2 条件式によるデータの抽出 … 159
- 12.3 データに対して計算を行う … 162
- 12.4 グラフに使用される統計量および当てはめ関数の変更 … 164
- 12.5 自作の関数を用いてデータ読み込み時に変換を行う … 167
- 12.6 ローカルスコープとグローバルスコープ … 171

A. 付　　録 … 174
- A.1 matplotlibのグラフの構造 … 174

索　引 … 181

表　目　次

3.1　Python のキーワード (Python 3.6)　　19
3.2　Python の算術演算子　　20
3.3　比較演算子と論理演算子　　30
3.4　主な ndarray オブジェクトの dtype　　35
4.1　`read_csv()` の主な引数　　45
4.2　`read_excel()` の主な引数．header 以降は `read_csv()` と共通　　51
6.1　`barplot()` の主な引数　　65
6.2　`pointplot()` の引数 (表 6.1 に掲載されていないもの)　　68
6.3　`distplot()` の主な引数　　70
6.4　`jointplot()` の主な引数　　72
6.5　`jointplot()` の kind に対応する描画関数　　74
6.6　`pairplot()` の主な引数　　76
6.7　`boxplot()` の主な引数　　79
6.8　`stripplot()`, `swarmplot()`, `violinplot()`, `lvplot()` の主な引数　　81
6.9　`heatmap()` の主な引数　　83
9.1　seaborn で定義されているスタイルとコンテキスト　　115
9.2　スタイルで変更される項目　　117
9.3　コンテキストで変更される項目　　117
9.4　基本的な色名　　119
9.5　seaborn のパレット　　121
9.6　seaborn のパレット生成関数　　123
9.7　軸範囲と目盛に関する Axes のメソッド　　129
9.8　軸ラベル，グラフタイトル，凡例に関する Axes のメソッド　　131
10.1　`factorplot()` の主な引数　　137
10.2　`figure()` の主な引数　　140
11.1　`savefig()` の主な引数　　144
11.2　`format()` の主な書式指定子　　149
11.3　ディレクトリに含まれるデータファイルの読み込みに便利な関数　　154
12.1　NumPy の基礎的な数学関数と統計関数　　163
A.1　Axes オブジェクトの主な get/set メソッド　　178
A.2　XAxis/YAxis オブジェクトの主な get/set メソッド　　178
A.3　Legend オブジェクトの主な get/set メソッド　　179
A.4　Text オブジェクトの主な get/set メソッド　　179
A.5　Line2D オブジェクトの主な get/set メソッド　　179
A.6　Patch オブジェクトの主な get/set メソッド　　180

1 Pythonの準備

1.1 PythonとAnaconda

　本章では，本書で解説する作業をみなさんのコンピュータで実際に実行しながら学習するための準備を行う．

　私たちがコンピュータに何かの作業をさせたい時，マウスやタッチパネルを使った操作でその作業ができるアプリケーションがあればそれを使えばよいのだが，そのような便利なアプリケーションがいつも見つかるとは限らない．便利なアプリケーションが見つからない時に知っていると便利なのがプログラミング言語である．プログラミング言語を使うと，こちらがしてほしい作業をコンピューターに伝えることができる．コンピューターに行わせる作業内容を書いたものをプログラムと呼ぶ．

　人間の言語にいろいろな種類があるように，プログラミング言語も非常にたくさんの種類がある．現代の一般的なコンピューターにとって「ネイティブ」な言語は0と1で構成された「機械語」と呼ばれる言語なのだが，これは人間にとっては読むことも書くことも非常に難しい．そこで人間によって読み書きがしやすいプログラミング言語が数多く考案されてきたのだが，これらの言語で書かれたプログラムをコンピュータに実行させるには機械語への翻訳をしてやる必要がある．本書で扱うPythonもこの翻訳が必要なプログラミング言語なので，Pythonで書かれたプログラムをみなさんのPCで実行するためには翻訳を行うソフトウェアをインストールする必要がある．

　翻訳を行うソフトウェアには，コンパイラとインタプリタという種類がある (図1.1)．コンパイラはプログラムを機械語に翻訳してその結果をファイルに保存する．このファイルをコンピューターに実行させることによって，プログラムに書かれていた作業が行われる．元のプログラミング言語で書かれたプログラムのファイルをソースと呼び，翻訳された機械語のファイルを実行ファイルと呼ぶ．これに対してインタプリタはプログラムを実行する時にその都度翻訳作業を行う．インタプリタ用に書かれたプログラムのファイルをスクリプトと呼ぶことがある．実行するたびに翻訳を行うので時間がかかるという欠点があるが，いちいち実行ファイルを作成する必要がないので，ちょっ

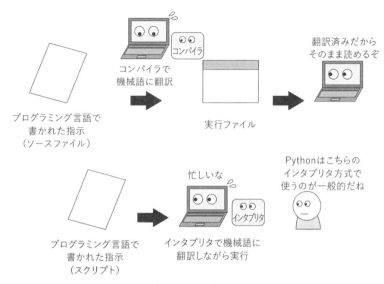

図 1.1 コンパイラ (上段) とインタプリタ (下段).

とした作業をコンピューターにさせる時などにはインタプリタが便利である．どちらの方式にも一長一短あるが，一般的に Python はインタプリタで使用される．

Python のインタプリタは，Macintosh などのオペレーティングシステム (operating system: 以下 OS) であれば標準でインストールされている．Microsoft Windows には標準でインストールされていないが，Python の公式 web サイト (https://www.python.org/) から無料でダウンロードすることができる．しかし本書では，これらの Python インタプリタを使用せずに，**Anaconda** と呼ばれるディストリビューションを使用する．ディストリビューションとは，一緒に使用すると便利なソフトウェアをまとめたものであり，Anaconda には Python でデータ処理を行う際に便利なソフトウェアが多数まとめられている．本書ではグラフを描画するためにパッケージと呼ばれるものを利用したり，Python でプログラムを作成したり実行したりするための統合開発環境というソフトウェアを使用するが，これらを手作業でインストールするのは初心者の方にとっては大変な作業である．Anaconda を使用すると，インストーラーをダウンロードして実行するだけで必要なソフトウェアをまとめてインストールすることができる．

1.2 Anaconda のインストール

Anaconda のインストーラーは https://www.anaconda.com/download/ からダウ

図 1.2　Anaconda のダウンロードページ．自分が使用する OS のアイコンをクリックして，Python3 系のインストーラーをダウンロードすること．

ンロードすることができる．図 1.2 は 2017 年 9 月現在の Anaconda ダウンロードページを示している．Download for と書かれている横のアイコンのうち，使用する PC の OS に一致するものをクリックすると，図 1.2 下のように Python のバージョンを選択する画面が表示される．図では Python3.6 と Python2.7 と表示されているが，この番号の"."より前の部分をメジャーバージョン，後ろをマイナーバージョンと呼ぶ．つまり Python3.6 であればメジャーバージョンが 3，マイナーバージョンが 6 である．メジャーバージョン 2 の Python(Python2) は過去に書かれたプログラムを使用するために配布されているが，今から Python を学ぶのであればメジャーバージョン 3 の Python(Python3) の方が望ましいので，本書では Python3 を使用する．Python3 の Download ボタンをクリックするとインストーラーがダウンロードされる．ダウンロード開始前にメールアドレスを登録するか尋ねられるが，Anaconda の資料へのリンクを掲載したメールを受信する必要がなければ登録しなくてよい．

　ダウンロードしたインストーラーを実行すると，Anaconda をセットアップすることができる．ここでは Windows 版のインストール作業の様子を紹介する．まず図 1.3 左上のように，Anaconda を個人用としてインストールするか，PC の利用者全員用としてインストールするかを選択するダイアログが表示される．大学の計算機室の PC のように，管理者の権限でソフトウェアをインストールできない場合は個人用を選択するとよい．研究室の PC に管理者の権限を持っている人 (教員など) が研究室メンバー全員が使えるようにインストールする場合などは，全員用を選択するとよいだろう．持ち主以外誰も使用しない学生個人のノート PC のような場合はどちらを選んで

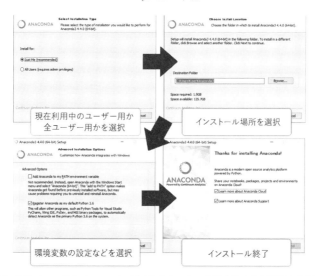

図 1.3　Windows での Anaconda のインストール．各ダイアログの詳細は本文参照．

も構わない．

続いて図 1.3 右上のように，インストールする場所を指定する．よくわからなければ何も変更せずに次へ進んでよい．

次は図 1.3 左下の項目が表示される．ここでは Anaconda 以外のディストリビューションの Python と Anaconda を併用する人や，Anaconda の機能を標準以外の方法で拡張したい人のための環境変数の設定を行う．この項目もよくわからない場合は変更せずに次へ進んでよい．

この後，Anaconda の実行に必要なファイルの書き込みなどが行われる．かなり待たされるが，最後に図 1.3 右下のようにインストール完了の通知が表示される．これでインストールは終了である．Windows のスタートメニューを確認すると，図 1.4 のように Anaconda3 というグループが作られているはずである．次章以降，この中に含まれる Spyder というアプリケーションを用いて作業を行う．Spyder は統合開発環境 (Integrated Development Environment: IDE) と呼ばれるアプリケーションで，プログラム開発に便利なツールを 1 つのウィンドウから利用できるようにまとめたものだと考えるとよい．

スタートメニューから Spyder のアイコンをクリックすると，少し待たされた後に図 1.5 左上のように，Spyder のロゴが表示された小さなウィンドウが表示される．これをスプラッシュウィンドウと呼ぶ．スプラッシュウィンドウが出現した後さらにしばらく待つと，図 1.5 下の Spyder のウィンドウが開く．PC の処理能力が低めだと

1.2 Anaconda のインストール

図 1.4　Spyder の起動

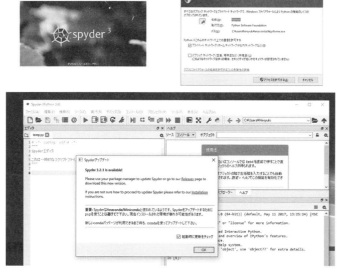

図 1.5　Spyder のスプラッシュウィンドウ (左上)，セキュリティ警告のダイアログ (右上) および Spyder の初期画面．

　Spyder のウィンドウが開くまでしばらく待たされるが，何度もスタートメニューのアイコンをクリックすると余計に時間がかかるので辛抱強く待つこと．初回起動時のみ，途中で図 1.5 右上のように「Windows セキュリティの重要な警告」というタイトルのダイアログが表示されるが，これは Python がネットワークにアクセスすることを許可するかどうか確認するものである．拒否するとネットワークを利用する機能が使えなくなるので，プログラムの「名前」が"Python"であることをしっかり確認した上で「アクセスを許可」をクリックすること．これで準備は完了である．

　なお，Spyder 起動時に図 1.5 下の例のように「Spyder アップデート」とタイトル

図 1.6　Macintosh での Spyder の起動方法.

が付いたダイアログが表示されることがある．これは新しいバージョンの Spyder が公開されていることを示しているが，むやみに新しいバージョンに更新するとトラブルの原因となることがあるので，「新バージョンで追加された◯◯という機能を使いたい」といった明確な理由がないのであれば現在のバージョンのまま使用することをお勧めする．「起動時に更新をチェック」という項目のチェックを外しておけば，新バージョンの確認が行われなくなる．

　Macintosh の場合は，ダウンロードしたインストーラーを実行すると，Launchpad に Anaconda-Navigator という項目が追加される．この Anaconda-Navigator を用いると Anaconda に含まれる様々なアプリケーションを管理することができる (図 1.6)．この中に Spyder という項目があり，Spyder の Launch ボタンをクリックすれば Spyder が起動する．「Spyder アップデート」についての注意は Windows と同様である．

　以上で Spyder の準備は完了である．それでは次章でさっそく Python でグラフを描いてみよう．

2 いきなり棒グラフを描いてみる

2.1 Spyder の画面を覚える

本章では，Spyder 上で簡単な棒グラフを描くという作業を行いながら，少しずつ Spyder の操作方法と Python の文法について学んでいこう．

作業に入る前に，Spyder のウィンドウ各部の名称を覚えよう (図 2.1)．ウィンドウ

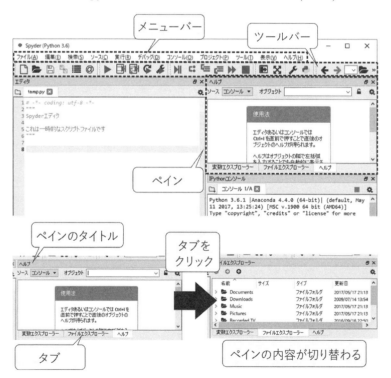

図 2.1　Spyder のウィンドウ各部の名称

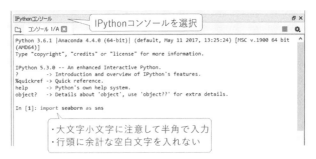

図 2.2 IPython に入力する

最上段の「ファイル (A)」,「編集 (E)」といった項目が並んでいる部分をメニューバーと呼ぶ. Spyder の設定を変更したり,ファイルを保存したりするなど,いろいろな操作をメニューバーから行うことができる.メニューバーの下の,いろいろなアイコンが並んでいる部分をツールバーと呼ぶ.よく利用する操作をアイコンをクリックするだけで行うことができる.メニューバーとツールバーは他のアプリケーションにも備わっていることが多いので,なじみがある方が多いだろう.

ツールバーの下の部分は,初期状態では左右に大きく分割され,右側はさらに上下に分割されて合計 3 つの枠からなっている.第 1 章で述べた通り,Spyder はプログラム開発に便利な様々なツールを 1 つのウィンドウにまとめたものであり,これらの枠に使いたいツールを割り当てて使用する.枠内に表示されている各ツールのウィンドウをペイン (pane) と呼ぶ.

ペインの上部にはタイトルがあり,現在その枠にどのペインが表示されているかが示されている.図 2.1 左下の場合は「ヘルプ」とあるのがタイトルである.Spyder では 1 つの枠に複数のペインを割り当てることが可能で,その場合は枠の下部にペインを切り替えるタブが表示される.白く表示されているタブが選択されているペインである.他のタブをクリックすると表示するペインを切り替えることができる.図 2.1 右下は「ファイルエクスプローラー」のタブをクリックした様子を示している.ペインのタイトルが「ファイルエクスプローラー」に切り替わり,ペインの内容が変化していることがわかる.図 2.1 には示されていないが,左側の大きなペインには初期状態で「エディタ」ペインだけが割り当てられてタブが表示されていないことも確認しておくこと.

2.2 一通り作業してみる

それでは Spyder 上でグラフを描いてみよう.以下の作業では,Spyder ウィンド

2.2 一通り作業してみる

ウの右下に割り当てられている「IPython コンソール」ペインを使用する．IPython コンソールペインをクリックするとキーボードを使って IPython コンソールに文字を入力できるようになるので，import seaborn as sns と入力しよう．これはコンピュータに行わせたい作業を Python で記述したもので，文 (sentence) と呼ばれる．文の入力の際には以下の 3 点に注意すること．

1) 文は半角英数字 [*1] で入力すること．日本語入力モードになっていると英数字が全角になってしまう場合があるので，日本語入力 (およびその他の言語の文字入力モード) は OFF にしておくとよい．
2) 行頭に余計な空白文字 (スペースなど) を入力しないこと．Python では行頭のスペースが文法上重要な意味を持っているため，余計なスペースがあるとエラーとなる．
3) 英文字の大文字小文字を間違えずに入力すること．Python では大文字と小文字は区別される．

キーボードを用いて文を入力すると，図 2.2 のように入力した文が In [1]: という表示の後ろに表示されるはずである．この In [1]: は IPython コンソールがユーザーからの入力を待っていることを示すもので，プロンプトと呼ばれる．文を入力して Enter キーを押すと，文がその場で機械語に翻訳されて実行される．時間がかかる作業を実行させるとここでしばらく待たされるが，いま入力した文ならば長くても数秒程度で終わるはずである．作業が終了すると，次の行に In [2]: という新たなプロンプトが表示される．[] の中の数字はいま入力待ちをしている文が IPython をスタートしてから何文目かを示していて，文を実行するたびに 3,4,5 と増えていく．本書ではこれ以降 IPython 上での作業例がいくつも出てくるが，みなさんが作業してみる際にプロンプトの [] 内の数値が本書の作業例と一致していなくても問題はないので気にしないでほしい．

さて，次のプロンプトが表示されたら sns.barplot(x=['X', 'Y', 'Z'], y=[2, 4, -3]) という文を入力しよう．ブラケット ([]) やシングルクォート (')，カンマ，ピリオドもすべて半角でこの通りに入力すること．間違えた時はカーソルキー (矢印のキー) の左右と Backspace キー，Delete キーを使って修正できる．

barplot の直後の (を入力した時点で図 2.3 上のように「引数」というタイトルの小さなウィンドウが表示される．これについては次節で詳しく説明する．実行すると，図 2.3 下のような棒グラフが表示される．以上の 2 文だけで棒グラフを描くことがで

[*1] 昔，コンピューターで日本語が使えるようになった際に，それ以前から使用できた英文字や数字，記号などが日本語の文字 (全角文字) の半分の幅で表示されたので半角文字と呼ばれた．ASCII 文字とも呼ばれる．

2. いきなり棒グラフを描いてみる

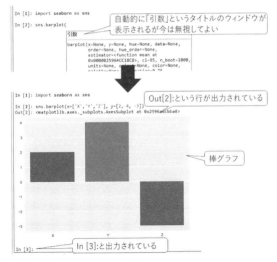

図 2.3　最初のグラフ

きた．いかがだろう，簡単だったのではないだろうか？

もし下記のようなエラーメッセージが表示されてグラフが表示されなかった場合は，入力した文に誤りがある．なお，左端の数字は解説用に付加した行番号である．

```
1  In [2]: sns.barplot(x=['X','Y','Z'], y=2, 4, -3])
2    File "<ipython-input-3-44918754789b>", line 1
3      sns.barplot(x=['X','Y','Z'], y=2, 4, -3])
4                                            ^       エラー位置を示す記号
5  SyntaxError: invalid syntax
```

5 行目に SyntaxError: invalid syntax とあるが，syntax は構文という意味なので，「入力された文の構文が誤っている」というメッセージであることがわかる．よく見ると 4 行目に^という記号があるが，これは^記号の真上の部分，すなわち 3 行目の] の位置に問題があることを示している．この例において一体] 記号の何が問題かというと，] に対応する [が抜けているのである (y=2 の=と 2 の間に必要)．このように，Python が示してくれるエラーメッセージは慣れないうちは少々わかりにくいが，エラーメッセージを理解できるようになるとプログラミングの効率が飛躍的に上達するので少しずつ覚えていきたい．

なお，プロンプトが表示されている状態でカーソルキーの上下を押すと今まで IPython に入力した文が順番に表示されるので，入力ミスした文を表示させてからタイプミスした部分だけを修正して Enter キーを押せば文全体をタイプし直さなくて済む．

入力した文が誤っていても，エラーメッセージが表示されない場合もある．例えば

以下の例の 1 行目のように y=[の [に対応する] が抜けている場合，Enter キーを押しても 2 行目のように...: と表示されて処理が行われない．

```
1  In [2]: sns.barplot(x=['X','Y','Z'], y=[2, 4, -3)   ←] が足りない
2      ...:   ←...: と表示 (文が継続していることを示している)
```

...は文がまだ継続中であることを示すもので，Python インタプリタが「[に対応する] がないからまだ文は完成していないよね，続きを入力してよ」と促しているのである．...が表示されている行にカーソル (文字入力する位置を示す点滅する縦棒) がある状態で Backspace キーを押せば...が消えてこの状態を解消できる．

さて，エラーメッセージの話はここで区切りとしておいて，本節で入力した 2 つの文がどのような作業を指示するものだったのかを確認しよう．

2.3 関数と引数

まず 2 つ目の文に注目しよう．この文では，Python の関数 (**function**) と呼ばれる仕組みが使われている．関数とは，抽象的な言い方をすると「与えられた入力に対して定められた操作を行い結果を返すもの」である．例えば数学で習った $f(x) = 3x + 5$ のような関数は，「与えられた数値 x に 3 をかけて 5 を足したものを返す」という操作を表していると考えることができる．同様に，「X 軸のラベルと Y の値が渡されたら定められた大きさや色で棒グラフを描く」という操作も関数の範疇に含まれるというわけである．関数に与える入力を引数 (**argument**)，操作の結果として返ってくる値を戻り値 (**return value**) と呼ぶ．$f(x) = 3x + 5$ の例なら $f(5) = 20$ となるが，この時 $x = 5$ が引数で 20 が戻り値である．表記の簡略化のために，本書では「f という名前の関数」を f() と書く．

図 2.3 をよく見ると棒グラフの上に Out [2]: と出力されているが[*2)]，この Out [2]: は In [2]: の入力を処理した結果として値が得られたことを示している．Out [2]: に続いて matplotlib.axes_subplots...(以下略) と表示されているのがその値である．In [1]: の後には Out[1]: が出力されていないが，これは In [1]: の文を実行した結果の値がなかったためである．文の要素のうち，処理すると値が得られるものを式 (**expression**) と呼び，値を得ることを評価する (**evaluate**) という．式だけで構成されている文を式文 (**expression statement**) と呼び，IPython で式文を実行すると赤文字の Out の見出しと値が表示される．

数学で習った関数と同様に，Python の関数でも複数の引数がある場合は，f(x, y) という具合に引数をカンマ区切りで書く．ベクトルのように「カンマ区切りの値を括弧

[*2)] 本書はモノクロ印刷だが画面上では通常赤色で表示される．

で括ったもの」が引数である場合は f((1,2), (-4,3)) と書く．() や [] で囲まれたものを1個の個数として数えるので，この例の引数の個数は2である．同様に，前節でグラフのプロットを行った文 sns.barplot(x=['X','Y','Z'], y=[2, 4, -3]) も引数の個数は2である．

Python の関数の書き方の特徴の1つに，引数の値の前に x=や y=といったものが付いている点がある．これは引数の順番を自由に書くための決まりである．関数 f(x, y) に対して f(1, 2) と書けば x=1, y=2 であるが，Python では f(y=2, x=1) という具合に書けば y の値を先に書くことができる．もちろん f(x=1, y=2) と書いてもよい．この記法のメリットは2つある．第1に，非常に引数が多い関数を使用する時に，引数の順番を覚えていなくても引数名を覚えていれば文を書くことができるという点である．第2に，引数を省略した記法が可能となる点である．どういうことか説明するために，前節で触れた「sns.barplot(まで打ち込んだ時に表示されたウィンドウ (図 2.3 上)」を振り返ってみよう．このウィンドウは「引数」というタイトルが示す通り，入力中の barplot() の引数の一覧を示している．引数の個数を数えてみると，なんと 18 個もあることがわかる[*3]．これだけの引数の順番を正確に覚えておくのは難しいが，x や y，data などといった引数の名前は慣例や引数の働きを示す英単語などにちなんで付けられていることが多いので，順番を丸暗記するよりは覚えやすい．これが引数に名前がついていることの第1のメリットである．そして，「引数」ウィンドウに示された引数は x=None という具合に引数名に=が続いているが，これはその引数の値が書かれていない時に標準で使用する値を示している．この標準の値のことをデフォルト値と呼ぶ．デフォルト値は必ず設定されているわけではなく，デフォルト値がない引数の値を省略するとエラーとなる．例えば open() という関数は file という引数にデフォルト値が設定されていないのだが，この値を省略すると以下のエラーメッセージが表示される．

```
1  In [2]: open()
2  Traceback (most recent call last):
3
4    File "<ipython-input-2-3eee29e366d3>", line 1, in <module>
5      open()
6
7  TypeError: Required argument 'file' (pos 1) not found
```

引数 file がないというエラー

前節の barplot() を使った文を振り返ると，引数 x と y しか値を指定しなかったので，Python インタプリタは残りの引数すべてにデフォルト値が使用されたと解釈している．人が誰かに Excel でグラフの作図を頼む場合でも，「このデータの棒グラ

[*3] 最後の**kwargs はここでは数えない．**kwargs については 5.2 節参照．

フを描いておいて．あ，向きは横向きね．」などと重要なポイントだけを伝えて棒の色や背景の色，文字の大きさなどをすべて事細かに列挙しはしないだろう．そして頼まれた人は指示されたポイントを満たすように作業するが，指示されなかった諸々のことは Excel の標準設定 (とか自分の好み) にするだろう．このような「自分がこだわりたいポイントだけ指定して，あとはお任せ」とすることが可能になるのが第 2 のメリットである．

難しい話が続いているので，ここで少し遊んでみよう．barplot() の palette という引数は，棒の色を指定する．色指定の方法は第 9 章で詳しく触れるが，ここでは 'Blues' と指定してみよう．ぜひみなさんの PC で実行してみてほしい．

```
1  sns.barplot(x=['X', 'Y', 'Z'], y=[2, 4, -3], palette='Blues')
```

いかがだろう．棒グラフの色が青系統になったはずである．'Blues' の他に 'Greens' や 'Reds' も試してほしい．

続いて orient という引数を指定してみよう．これは棒グラフの向きを指定する引数で，'v' なら縦向き，'h' なら横向きとなる．ここでは 'h' を指定して横向きにしてみよう．横向きにすると X 軸の値と Y 軸の値が入れ替わるので，引数 x と y の値も入れ替えなければならない点に注意する必要がある．引数の順番を入れ替えられることを利用すると，以下のように最小限の変更で x と y の値の入れ替えができる．これもぜひみなさんの PC で実行してみてほしい．

```
1  sns.barplot(y=['X', 'Y', 'Z'], x=[2, 4, -3], orient='h')
```

2.4 位置引数とキーワード引数

前節では関数を書く際に引数名を指定するメリットについて解説したが，必ず引数名を書かなければいけないわけではない．引数名が省略された場合は，「引数」ウィンドウに記載された順番に引数が指定されていると Python インタプリタは解釈する．例えば

```
1  sns.barplot(['X', 'Y', 'Z'], [2, 4, -3])
```

は「引数」ウィンドウでは x, y の順に記載されているので x が ['X', 'Y', 'Z']，y が [2, 4, -3] である．このように引数名が省略されて順番に従って解釈される引数を位置引数 (positional argument) と呼ぶ．一方，前節で解説した引数名が指定された引数をキーワード引数 (keyword argument) と呼ぶ．

位置引数とキーワード引数は，混在させることもできる．以下の例では，x が [2, 4, -3]，y が ['X', 'Y', 'Z']，hue が 'h' であると Python インタプリタは解釈

する.

```
1  sns.barplot([2, 4, -3], ['X', 'Y', 'Z'], orient='h')
```

非常に便利な機能だが，残念ながら万能ではない．キーワード引数の後に位置引数が書かれると，Python には位置引数がどの引数に対応するのか解釈できなくなってしまう．具体的には以下のようなケースである．

```
1  sns.barplot(orient='h', [2, 4, -3], ['X', 'Y', 'Z'])
```

人間なら「1 番目の引数は orient と指定されているんだから orient，2 番目の引数は名前がついていないけど多分 x なんじゃないの？」などと解釈するかも知れないが，Python インタプリタは「キーワード引数が割り込んできた時点でそれ以降の引数は位置に従って解釈できない」と判断して解釈を拒否してしまう．実際に Python に実行させた時の結果を以下に示す．

```
1  In [5]: sns.barplot(orient='h', ['X', 'Y', 'Z'], [2, 4, -3])
2    File "<ipython-input-26-9b5828118fc0>", line 1
3      sns.barplot(orient='h', ['X', 'Y', 'Z'], [2, 4, -3])
4                              ^
5  SyntaxError: positional argument follows keyword argument
```

最後の行に注目してほしい．SyntaxError とは構文エラー (2.2 節)，positional argument と keyword argument は位置引数とキーワード引数なので，「位置引数がキーワード引数の後に続いているのは構文の誤りだ」という意味である．

2.5　import 文

関数の解説はこの辺りで一区切りするとして，次は barplot() の前についていた sns. という部分に注目しよう．この部分の意味を理解するためには，1 文目の働きを理解する必要がある．1 文目は以下のような文であった．

```
1  import seaborn as sns
```

これは **import** 文と呼ばれるもので，Python にモジュール **(module)** と呼ばれるものを追加する働きをする．モジュールとは特定の機能をまとめたもので，モジュールを import 文で追加することによってその機能を Python から利用できるようになる．

Python のモジュールは PC のアプリケーションのようなものと思えばいいだろう．PC の購入時にはインターネットブラウザなどのアプリケーションがインストールされていて，インターネットで調べものをしたい時にはブラウザを起動する．同様に，Python にはインターネットアクセスを行うモジュールなどが標準でインストールされていて，インターネットからデータを収集するプログラムを書きたい時には対応す

るモジュールを import して使用するのである．また，PC に新たなアプリケーションを追加でインストールできるように，Python でも標準のモジュールで物足りない人は自分でモジュールをインストールして使用することができる．1.1 節で Anaconda について簡単に解説した際にパッケージという用語が出てきていたが，パッケージ (**package**) とは一緒に使用すると便利なモジュールを 1 つに取りまとめたものである．以下，本節の解説ではパッケージとモジュールを区別すると記述が煩雑になるのですべてモジュールと書く．

　さて import 文に話を戻すと，`import foo` と書くと foo という名前のモジュールを読み込むことができる．2.2 節の作業では `import seaborn` と書いてあるので，seaborn というのがモジュール名である．モジュール名に続いて `as sns` と書いてあるのは，seaborn を sns という別名で用いるという意味である．別名は必ずしも付ける必要はないのだが，seaborn の公式ドキュメントやサンプルでこの別名を用いるのが慣例となっているので本書でもそれに従うことにした．

　import 文を実行すると，ドット (.) を使って読み込んだモジュールに含まれる関数などを使用することができる．これまで使ってきた `sns.barplot()` とは「sns という名前で読み込んだモジュールに含まれる `barplot()` という関数」という意味なのだ．なぜわざわざ「どのモジュールに含まれるか」を書かないといけないかというと，異なるモジュールに同じ名前の関数が含まれるかも知れないからである．Python 用のパッケージは非常にたくさん公開されており，それぞれが別々に開発されているので，このような仕組みがないと「`barplot()` っていう名前を持つ関数があちらのモジュールにもこちらのモジュールにもあって，どちらを使おうとしているのかわからない」という問題が生じてしまう恐れがある．モジュール名を明示するようにしておけば，このような問題は生じない．

　なお，`from X import Y` という構文で import を行うと，X というモジュールに含まれる Y をモジュール名なしで使用できる．つまり，`from seaborn import barplot` と書くと，モジュール名なしで `barplot()` と書くことができるようになる．本書ではこの方法は使用しないが，インターネット上の記事などではこの方法を使っているものがあるので知っておくと役に立つだろう．

　以上で最初のグラフ描きの解説はおしまいである．次章では，`barplot()` の引数として用いた `['X', 'Y', 'Z']` や `[2, 4, -3]` の意味を正確に理解するために必要な知識を学ぶ．

3 Pythonでデータを表現する

3.1 変　　数

前章では Spyder で棒グラフを作成しながら IPython の基本操作，関数，import 文によるモジュールの読み込みなどを学んだ．本章では，グラフにプロットするデータやラベルを Python で表現するための基礎知識を学ぶ．

さっそく Spyder を起動し，右上のペインを「変数エクスプローラー」ペインに切り替えてほしい (図 3.1) そして IPython コンソールに次のように入力してみよう．

```
1  x = 7
```

前章で述べたように行頭に余計なスペースがあってはいけないが，x, =, 7 の間の半角スペースはあってもなくても構わない．ただし，Python のコーディングスタイルガイド[*1]では=の前後に1つずつ半角スペースを置くことが推奨されている．入力し

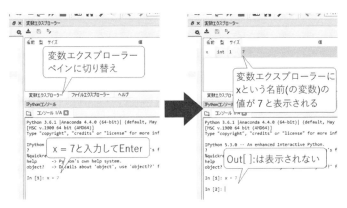

図 3.1　変数 x に 7 を代入してみる

[*1] Python Enhancement Proposal という文書の 8 番 (PEP8) のこと．https://www.python.org/dev/peps/pep-0008/ で見ることができる．

てEnterを押すと，図3.1右のように「変数エクスプローラー」ペインに「名前」の列がx，値の列が7となっている行が追加される．これ以降，Pythonの文中でxという名前で7という値を表すことができるようになる．この仕組みを**変数 (variable)** と呼び，=を使って値と変数を対応付ける文を代入文と呼ぶ．代入文は式文ではないので，図3.1右のように実行後にOut[ ]:は表示されない．=のように何らかの操作を表す記号を**演算子 (operator)** と呼び，特に=を代入演算子と呼ぶ．

変数によって表されている値は「変数エクスプローラー」ペインで確認できるが，他にもIPythonコンソールで変数名だけを入力して実行すれば値を表示できる．これでなぜ値が表示されるかというと，Pythonの文法では変数は評価すると値が得られるように定められているため，変数名だけが書かれている文は式文となるからである．

変数の値はPythonインタプリタの実行中は保持されているが，Pythonインタプリタを終了すると失われてしまう．また，Pythonでは「異なるものが同じ名前を持つことはできない」ので，x=7の後にx=-5を実行するとxは7ではなく−5を表すようになる．

ところで，変数については昔からよく「値を格納しておく箱のようなもの」という例えが使われるのだが，Pythonを学ぶ際にはこの「箱」のイメージが裏目に出てしまうことがあるので，「アドレスカード」という考え方を紹介しておく．箱のイメージとアドレスカードのイメージを図にしたものが図3.2の上段である．これらの考え方が大きく異なるのは，アドレスカードでは「複数の変数がまったく同一のものを指し示す」ことができるという点である．ここで言う「まったく同一」とは，例えば特定の個人のように世界に1人 (1つ) しかないものである．ある個人がいる場所が「○○大学××研究室」とか「△△学会事務局」とかいくつものアドレスを持っていてもおかしくないが，箱のイメージで2つの「異なる箱の両方に」同一人物が入っているという状況は考えにくい (図3.2下段)．

3.2　変数に使える名前

変数の名前として使える文字は，Python2とPython3の間で異なっている．以下の文字はどちらのバージョンでも使用できる．

1) 半角アルファベットの大文字と小文字のAからZ
2) アンダースコア (_)
3) 半角の0から9 (ただし先頭文字以外)

1)に該当するのはnameとかageといった名前である．Pythonは大文字と小文字を区別するので，nameとNameは違う名前として扱われる．文字数は言語仕様上は制限がないが，長すぎる名前を使うのは現実的ではないだろう．

18   3. Python でデータを表現する

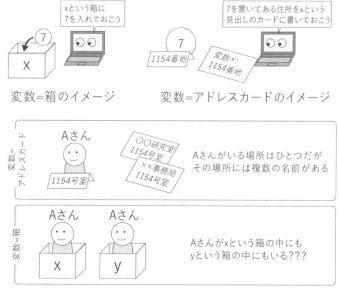

図 3.2 変数は箱というよりも値の置き場所を記したアドレスカードのようなもの.

2) は `average_score` のように名前の中で区切りを入れたい時によく使われる. `_target` のように先頭に_を使うことも可能だが, 先頭に_が付く名前は特別な意味を持つことがあるので使わない方がよい (3.9 節参照).

3) は `Q01` のような名前である. `sheet7_name` といった具合に_と組み合わせることもできる. 先頭文字に数字は使えないので, `1st_sheet` という名前は構文エラー (invalid syntax) となる.

Python3 では, 以上に加えて非 ASCII 文字 [*2) を使用できる. 非 ASCII 文字にはかな文字や漢字が含まれるので, Python3 では以下のように日本語の名前を使うことが可能である.

```
1  年齢 = 21
```

本書では Python3 を使用するが, 変数名に関しては Python2 でも使用できる文字のみを使用する.

以上が変数に使用できる名前のルールだが, 表 3.1 に挙げた名前は Python の文法上特別な意味を持つので, 変数名に使用してはいけない. Python の公式リファレンスではこれらをキーワードと呼んでいる. 予約語と呼ぶこともある. 前章で出てきた関数のキーワード引数 (p.13) と紛らわしいので注意すること. IPython コンソール

---

*2) ASCII 文字については p.9 の脚注参照.

表 3.1 Python のキーワード (Python 3.6)

False	class	finally	is	return
None	continue	for	lambda	try
True	def	from	nonlocal	while
and	del	global	not	with
as	elif	if	or	yield
assert	else	import	pass	
break	except	in	raise	

を使用していれば，これらのキーワードは緑色で強調表示されるのでわかりやすい．

3.3 数値を表現する

それでは変数エクスプローラーを活用しながら Python で数値を表現する方法を学ぼう．以下に変数 x1 から x5 に数値を代入する例を示す．x1 から x3 への代入は特に解説しなくても問題ないだろうが，x4 と x5 の表記を見たことがない方が多いのではないだろうか．

```
1  x1 = 37
2  x2 = -5
3  x3 = -493.2
4  x4 = 28e-3
5  x5 = -56E4
```

これらの文を 1 行ずつ IPython に入力して変数エクスプローラーを確認すればわかるように，x4 は 0.028，x5 は −56000.0 である．x4 と x5 は指数表記と呼ばれるもので，大文字または小文字の e を区切り文字として前の部分を x，後ろの部分を y とすると $x \times 10^y$ である．x を仮数部，y を指数部と呼ぶ．みなさん自身が数値を入力する時には別に指数表記を使わなくても構わないが，Python が非常に大きい数値や小さい数値を表示する時に指数表記を使うので知っておく必要がある．試しに IPython で以下のように入力してみよう (小数点の後に 0 が 5 つ)．変数エクスプローラーで x6 の値を確認すると 1e-06 と表示されるはずである．

```
1  x6 = 0.000001
```

小数を扱う際に気を付けなければならないのが誤差である．表 3.2 の算術演算子を用いると計算ができるので，このうち+を利用して $0.1 + 0.1 + 0.1$ を計算してみよう．

```
1  In [3]: 0.1 + 0.1 + 0.1
2  Out[3]: 0.30000000000000004
```

以上のように結果は 0.3 にはならない．これはコンピューターにとって 0.1，すなわち $1 \div 10$ が「割り切れない」数値だからである．私たちは普段 10 進数，すなわち 9 に

表 3.2 Python の算術演算子

a+b a を足す b	a-b a を引く b	a*b a かける b
a/b a を割る b	-a a の符号反転	a%b a を割る b の余り
a**b a の b 乗	a//b a を割る b (小数点以下切り捨て)	

1 を加えた時に桁が増えて 10 となる数を使っているが，10 進数では $1 \div 3$ が 0.33... となって割り切れない．仕方がないので小数第 3 位を四捨五入して 0.33 と表現するとして，$1 \div 3 + 1 \div 3 + 1 \div 3$ を $0.33 + 0.33 + 0.33$ で計算すると答えは 0.99 となり 1 と一致しない．このような誤差を丸め誤差と呼ぶ．コンピューターは 2 進数を使用しており，10 進数の $1 \div 10$ を 2 進数の世界で計算すると 0.000110011001100... という循環小数になってしまうので，0.1 を含む計算で丸め誤差が生じてしまうのである．これは現在のコンピューターにおける小数の表現法の問題であって，Python に固有の問題ではない．「コンピューターによる小数の計算は 10 進数での計算結果とはわずかに異なることがある」ということを覚えておいてほしい．

2 進数の話が出てきたついでに，Python で 10 進数以外で数値を表現する方法も覚えておこう．数値の先頭に 0b が付くと 2 進数，0o が付くと 8 進数，0x が付くと 16 進数として Python は解釈する．以下の式を IPython に 1 行ずつ入力してみよう．

```
1  x_bin = 0b101
2  x_oct = 0o712
3  x_hex = 0x1c2
```

x_bin は 2 進数なので，10 進数に変換すると $1 \times 2^2 + 0 \times 2^1 + 1 \times 2^0 = 4 + 1 = 5$ である．同様に x_oct は 8 進数なので $7 \times 8^2 + 1 \times 8^1 + 2 \times 8^0 = 448 + 8 + 2 = 458$ である．x_hex は 16 進数なので $1 \times 16^2 + 12 \times 16^1 + 2 \times 16^0 = 256 + 192 + 2 = 450$ である．式を入力して，変数エクスプローラーでこれらの変数の値を確認してほしい．

16 進数を初めて見る方は x_hex の右辺式の 1 と 2 の間にある c の文字を見て戸惑ったかも知れないが，16 進数では「9 に 1 加えた数字 (10 進数の 10)」を 1 桁で表記しないといけないので，アルファベットの a を使用する．同様に 10 進数の 11 は b，12 は c，13 は d，14 は e，15 は f で，16 は桁が上がって「10」(イチゼロ) となる．a〜f は大文字でも小文字でも構わない．一般的なデータの入力時に 2 進数，8 進数，16 進数を使うことはほとんどないだろうが，プログラミングでは使用する場面が少なくない．特に 16 進数は色の指定に使用する (9.3 節) ので覚えておくとよいだろう．

最後に紹介するのは複素数である．整数や小数の末尾に j を付けると j が虚数単位として解釈される．j は大文字でも小文字でも構わない．以下のように IPyhon に入力してみよう．

```
1  x_im = 5-7j
```

3.4 文字を表現する　　　　　　　　　　　　　　　　　　　　21

図 3.3　オブジェクトの型

　変数エクスプローラーを確認すると，変数 x_im が追加されていて，その値が (5-7j) と表示されている (図 3.3)．図 3.3 で注目してほしいのは，変数エクスプローラーの「型」という列である．変数 x_im の型は complex と表示されているはずである．ここまでの解説を読みながら作業していたなら x1〜x6 や x_bin, x_oct, x_hex も変数エクスプローラーに表示されていて，型の列に int や float と書かれているはずだ．型 (type) とは，簡単に言えば Python での処理の対象となる数値，文字，その他いろいろな「モノ」の種類のことである．この「モノ」のことを Python ではオブジェクト (object) と呼ぶので，以後はオブジェクトと表記する．
　int 型オブジェクトは整数という意味の英単語 integer に由来する名称で，整数を表す．float はコンピューターで小数を表現する方法の1つである浮動小数点数 (floating point number) に由来する名称で，小数を表す．この int 型と float 型は今後もたびたび登場するのでぜひ覚えておきたい．

3.4　文字を表現する

　数値に続いて，Python で文字を表現する方法について学ぼう．漢字，かな，アルファベット，記号など，文字 (character) を連ねたものを文字列 (string) と呼ぶ．文字列の扱いは Python2 と 3 の重大な相違点の1つであり，Python3 で文字列を扱う際には **str** 型のオブジェクトが用いられる．一方 Python2 では **str** 型と **unicode** 型の2種類のオブジェクトを使い分ける必要がある [*3)]．本書では Python3 の str 型について解説する．
　str 型のオブジェクトを作成するには，文字列を半角のシングルクォーテーション

---

*3)　Python2 の unicode 型はその名の通り Unicode という文字コード (p.38) を使用する時に用いられた型で，文字列の最初に u を付けて u'unicode 文字列の例' のようにする．Python3 では str 型が Unicode を使用するようになったので unicode 型が不要となった．

(') または半角のダブルクォーテーション (") で囲む.

```
1  area = '東京都新宿区'
2  day = "2018/01/01"
```

これらのコードを Spyder の IPython コンソールに入力すると，文字列と解釈される部分が暗い赤色で示されるのを確認してほしい．また，これらの文を実行すると変数エクスプローラーに変数 area と day が追加されるが，型が str と示されていることも確認しておくこと．文字列は 1 文字でも構わないし，1 文字もない文字列 ('' や "") を作ることも可能である．1 文字もない文字列を空文字列 (empty string) またはヌル文字列 (null string) と呼ぶ．

' と " はどちらを用いてもよいが，以下のように ' で囲まれた文字列の中では " を通常の文字として使うことができる．逆に " で囲まれた文字列の中では ' を使うこともちろん可能である．

```
1  message = 'シングルクォーテーションで囲んだ場合は文字列内で"が使えます'
2  message = "ダブルクォーテーションで囲んだ場合は文字列内で'が使えます"
```

' または " を 3 つ連ねて文字列を囲むと複数行にわたる文字列を書くことができる．まず，図 3.4 の吹き出し 1 のように label = に続けて ' を 3 つ入力し，文字列を入力する．そして Enter を押すと，通常のように次のプロンプトが表示されず吹き出し 2 のように現在のプロンプトの下に ...: と表示される．この記号は文が継続していることを示している (2.2 節)．文字列の後半を入力し，最後に ' を 3 つ入力して Enter キーを押すと，この時点で次のプロンプトが表示され，変数エクスプローラーに変数 label が登録される．吹き出し 4 のように，文字列が改行されて 2 行にわたっていることがわかる．この例では 2 行の文字列を作成したが，3 行以上の文字列も同様の手順で作成できる．

以上で複数行にわたる文字列の入力ができたが，ここで確認しておくべきことがある．図 3.4 の吹き出し 3 まで作業した後，プロンプトにただ label とだけ入力して実行してほしい．これは式文なので label の値が表示されるが，変数エクスプローラーの表示とは異なり図 3.4 の吹き出し 5 のように 1 行目部分と 2 行目部分の間に \n という文字列が挿入された 1 行の文字列として表示されるはずである．\n は改行文字と呼ばれるもので，この位置で行が終わって次の文字から新しい行となることを示す特別な「文字」である．変数エクスプローラー上では改行文字に従って文字列をレイアウトした結果が表示されているだけで，label を式文として評価した吹き出し 5 の方が本来 str 型オブジェクトに保持されている文字情報なのである．

改行文字に使われている \ はバックスラッシュと呼ばれる記号で，文字列内で後続の文字とあわせて特別な意味を持つ．改行文字を表す \n の他には，タブ文字 (キーボー

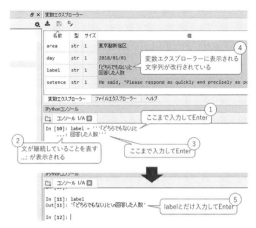

図 3.4　複数行にわたる文字列の入力

ドの Tab キーを押して入力できる空白文字) を表す\t や，文字列中で ' を表す\'， " を表す\" などがよく用いられる．

```
1  message = 'バックスラッシュを使えば文字列内で\'や\"を自由に使えます'
2  message = "バックスラッシュを使えば文字列内で\'や\"を自由に使えます"
```

バックスラッシュ自身を文字列に含めたい場合は\\のようにバックスラッシュにバックスラッシュを付けるとよい．このバックスラッシュのように後続の文字の解釈を変更する文字を一般にエスケープ文字と呼ぶ．

Python では，以下のように文字列の前に r を付けることによって，文字列内のすべてのエスケープ文字を無効にすることもできる．文字列中にたくさんの\を書かなければならない時に便利である．以下の 2 つの文を Spyder の IPython コンソールで実行してみよう．違いは先頭の r だけである．

```
1  msg1 = r'\\はバックスラッシュ，\tはタブ文字,\nは改行文字を表します'
2  msg2 = '\\はバックスラッシュ，\tはタブ文字,\nは改行文字を表します'
```

実行した後に変数エクスプローラーでこれらの値を確認すると，msg1 では入力した通りに表示されている一方，msg2 では\がエスケープ文字として解釈されていることがわかるだろう．

3.5　list, tuple で値を並べてまとめる

数値と文字列を学んだことで，グラフの数値やラベルを Python で表現することができるようになった．あとは数値やラベルを任意の順番に並べる方法を学ぶ必要がある．

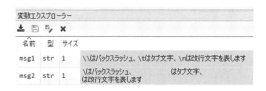

図 3.5　msg1 は文字列の先頭に r を付けてエスケープ文字を無効にした例．同じ文字列の先頭の r を除いた結果が msg2 である．

図 3.6　変数エクスプローラーにおける list と tuple の表示．

　Python では，数値や文字列などの様々な**要素 (element)** が並んだものを表す時に，**シーケンス (sequence)** というオブジェクトを用いる．数値に int や float といった型があったように，シーケンスにも種類がある．主なものとして，要素をカンマ区切りで並べて [] で囲った **list**，同様にカンマ区切りで並べて () で囲った **tuple** などが挙げられる．前節で取り上げた文字列もシーケンスである．list と tuple の例を見てみよう．

```
1  groups = ['Control', 'Test']
2  scores = (56.9, 84.5)
3  data = [groups, scores, (2018,1,1)]
```

　これらの文を Spyder の IPython コンソールで実行後の変数エクスプローラーの様子を図 3.6 に示す．「型」の列に示されているように，groups と data は [] で囲まれているので list, scores は () で囲まれているので tuple である．data の例が示すように，list や tuple の要素として変数や別の list や tuple を含むことができる．このような状態を入れ子と呼ぶこともある．

　変数エクスプローラー上で list や tuple のように複数の要素を集めたオブジェクトが代入された変数を表示すると，図 3.6 のように「サイズ」という列に要素数が表示される．groups と scores の要素数が 2 というのはよいとして，data の要素数が 3 となっているのは不思議に思う人がいるかも知れない．これは，list や tuple が入れ子になっている場合，内側の list や tuple はその中に何個の要素が入っているかに関係なく 1 つの要素としてカウントされるからである．

　list と tuple の違いは，要素の置き換えができるかという点にある．この点を解説

3.5 list, tuple で値を並べてまとめる　　　　　　　　　　　　　25

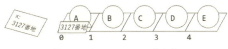

図 3.7　インデックスの考え方

するために，まず tuple や list などのシーケンス型オブジェクトから要素を取り出す [] 演算子を解説しよう．[] 演算子をシーケンス型オブジェクトの後ろに添えて [] の中に取り出す要素を表す数値を書くと，その要素を取り出すことができる．変数エクスプローラーに図 3.6 のように data が登録されている状態で data[0]，data[1] を実行すると以下の結果が得られる．

```
1  In [8]: data[0]
2  Out[8]: ['Control', 'Test']
3
4  In [9]: data[1]
5  Out[9]: (56.9, 84.5)
```

変数エクスプローラーの表示と見比べると，data[0] で 1 番目，data[1] で 2 番目の要素を取り出せていることがわかる．このように，0 以上の整数 n に対して data[n] を評価すると data の $n+1$ 番目の要素が得られる．この n をインデックス (index) と呼ぶ．

1 番目の要素のインデックスが 1 ではなく 0 なのは奇妙に思われるかも知れないが，Python 以外にも多くのプログラミング言語で「並んだものの 1 番目の要素を 0 で指し示す」という指定方法が採用されている．この指定方法を Zero-based (または Zero-origin) と呼ぶ．

Zero-based がわかりにくい人は，インデックスが「何番目か」を表しているのではなく「何ブロック進めばよいか」を表していると考えるとよい．図 3.7 のように 5 つの要素を持つ list 型オブジェクトが変数 x という変数に代入されているとする．この時，x は 1 番目の要素が置かれている場所 (図 3.2 参照) を指し示している．そして，インデックスはこの x が指し示している場所から何ブロック隣へ移動すればよいかを表していると考えるのである．1 番目の要素は x が指し示している場所にあるのでインデックスは 0 である．そして 2 番目の要素は x が指し示している場所から 1 ブロック隣へ進めばよいのでインデックスは 1 というわけである．

インデックスとしてリストの要素数以上の値を指定すると，Python は以下のように「インデックスが範囲を超えている」というエラーを返す．

```
1  In [10]: data[3]
2  Traceback (most recent call last):
3
```

```
4      File "<ipython-input-18-c9259ee696e8>", line 1, in <module>
5        data[3]
6                      ←「インデックスが範囲を超えている」というエラー
7    IndexError: list index out of range
```

[] で取り出した要素がシーケンスの場合は，さらに続けて [] を適用することができる．data[0] が ['Control', 'Test'] なら data[0][0] は 'Control'，data[0][1] は 'Test' である．

[] 演算子の解説はひとまずここまでにしておいて，これを使って list と tuple の違いを確認しよう．まず，list オブジェクトに対して以下の文を IPython コンソールで実行してみる．

```
1    list_sample = [1, 2, 3, 4, 5]
2    list_sample[2] = 'a'
```

2 行目の代入文は=の左辺に `list_sample[2]` があるので，`list_sample[2]` に 'a' を代入するという意味のはずである．実際，2 行目の代入文を実行した後に変数エクスプローラーで `list_sample` の値を確認すると [1, 2, 'a', 4, 5] になっており，`list_sample` のインデックス 2 の要素が 'a' に置き換わっている．

では，tuple で同じことを行ってみよう．

```
1    tuple_sample = (1, 2, 3, 4, 5)
2    tuple_sample[2] = 'a'
```

2 行目の代入文を実行すると，以下のようなエラーメッセージが表示されて処理が停止してしまう．

```
1    Traceback (most recent call last):
2    
3      File "<ipython-input-24-d3eed8368027>", line 1, in <module>
4        tuple_sample[2] = 'a'
5                              ←tuple では要素の置き換えができない
6    TypeError: 'tuple' object does not support item assignment
```

assignment は割り当てという意味だから，エラーメッセージの最後の行は「tuple オブジェクトはアイテムの割り当てをサポートしていない」という意味である．要するに tuple では要素に新しい値を割り当てることができないということで，これが list との最大の違いである．list のように作成後に変更できるオブジェクトをミュータブル (**mutable**) オブジェクト，tuple のように一度作成したら変更できないオブジェクトをイミュータブル (**immutable**) オブジェクトと呼ぶ．文字列もイミュータブルであり，以下のように文字列中の文字を変更しようとするとエラーとなる．

```
1    In [3]: day = '2018/01/01'
```

```
2
3  In [4]: day[9] = '2'
4  Traceback (most recent call last):
5
6    File "<ipython-input-2-a7f4f6d827e8>", line 1, in <module>
7      day[9] = '2'
8                       ← str も tuple と同様置き換えはできない
9  TypeError: 'str' object does not support item assignment
```

　文字列中の文字を変更できるプログラミング言語に慣れている人は注意が必要である．原則として，文字列中の文字を変更したい場合は新たに文字列を作り直すしかない．11.4 節で扱う文字列へのデータの埋め込みも参照のこと．

3.6　データを互いに変換する

　Python の世界では，20 という数値と '20' という文字列はまったく別のデータである．そこで，Python には引数に与えられたオブジェクトを文字列に変換する str() という関数が用意されている．以下に具体例を示す．

```
1  In [1]: str(20)
2  Out[1]: '20'
```

　逆に文字列を数値に変換する場合は，整数に変換するか小数に変換するかにより用いる関数が異なる．整数に変換する場合は int()，小数の場合は float() を用いる．

```
1  In [2]: int('20')
2  Out[2]: 20
3
4  In [3]: float('20')
5  Out[3]: 20.0
```

　int() と float() は整数と小数を互いに変換する場合にも使える．小数から整数に変換する場合，小数点以下の値は切り捨てられる．

```
1  In [4]: float(20)
2  Out[4]: 20.0
3
4  In [5]: int(3.7)
5  Out[5]: 3    ← 小数点以下が切り捨てられている
```

int() を使って数値に変換する場合，小数点を含む文字列 (例えば '3.7') を変換しようとすると以下のようにエラーとなる．with base 10 とは基数 10，すなわち 10 進数の整数として解釈できないという意味である [*4]．

[*4] base という引数で基数を指定できる．

```
1  In [6]: int('3.7')
2  Traceback (most recent call last):
3
4    File "<ipython-input-4-45a2a2e8d49a>", line 1, in <module>
5      int('3.7')
6
7  ValueError: invalid literal for int() with base 10: '3.7'
```
← 10進数の整数に変換できないというエラー

tuple と list も相互に変換が可能である．オブジェクトを tuple に変換するには tuple()，list に変換するには list() という関数を用いる．

```
1  In [7]: tuple([1, 2, 3])
2  Out[7]: (1, 2, 3)
3
4  In [8]: list((1, 2, 3))
5  Out[8]: [1, 2, 3]
```

3.7　その他の大切なデータ型：dict, bool, None

以上でグラフ描画に必要な数値とラベルを表現するための基礎的なオブジェクトを紹介したが，次章以降の解説のために重要なオブジェクトをここで紹介しておく．

まず **dict** 型のオブジェクトは，list や tuple と同様に複数の値をまとめるために用いられるが，インデックスではなくキー (key) と呼ばれる値によって要素を取り出すことができる．他のプログラミング言語ではハッシュや連想配列と呼ばれることもある．調査データをまとめる時に，'職業' というキーで職業名を表す文字列を取り出したりすることができるので非常に便利である．

dict オブジェクトを作成するには，まずキーとなる値とキーに対応付けられる値を：で区切ってペアにする．'age' というキーに 20 を対応付けたいのなら'age':20 という具合である．このペアをカンマ区切りで並べて{}で囲めばよい．以下に例を示す．

```
1  In [5]: data = {'age':20, 'group':'Control'}
```

この例ではキーはすべて文字列だが，他にも数値や tuple といったイミュータブルなオブジェクトをキーとして使用することもできる．{}の中に同じキーが存在する場合は，後ろに位置するものが優先される．この dict オブジェクトから値を取り出す時は [] 演算子の中にキーを書く．dict はミュータブルオブジェクトなので，登録済みのキーに対応する値を更新することも可能だし，新たなキーと値のペアを追加することも可能である．

```
1  In [5]: data['group']
2  Out[5]: 'Control'
```

```
3
4  In [6]: data['group'] = 'Test'          ← 値の更新
5  In [7]: data['score'] = 4.9             ← 新たなキーと値の追加
```

逆にキーに対応付けられた値からキーを取り出すことはできない．キーとして登録していない値を [] 演算子の中に書くと KeyError というエラーが返される．

```
1  In [8]: data['Control']
2  Traceback (most recent call last):
3
4    File "<ipython-input-4-fb99c805e01c>", line 1, in <module>
5      data['Control']
6                                    ← 'Control' というキーはないのでエラー
7  KeyError: 'Control'
```

dict オブジェクトにキーが登録されているかどうかを知りたい時のため，in という演算子が用意されている．k in d の形で dict オブジェクト d の中に k というキーが得られる．以下に例を示す．1 行目では登録されているキー，4 行目では登録されていないキーを指定している．

```
1  In [9]: 'age' in data
2  Out[9]: True
3
4  In [10]: '' in data
5  Out[10]: False
```

1 行目に対して True，4 行目に対して False という結果が得られているが，これらは 'True'，'False' という具合に ' で囲まれていないので，文字列 (str オブジェクト) ではない．これは bool 型オブジェクトと呼ばれるもので，評価した結果が真 (True) であるか偽 (False) であるか 2 種類の値のみをとる．in 演算子の場合，「指定した値がキーとして登録されているか」を確認しているので，含まれていれば真 (True) となる．

bool オブジェクトを紹介したので，一緒に比較演算子と論理演算子も紹介しておこう (表 3.3)．比較演算子は 2 つの値 (a と b とする) を比較して「a と b は等しい」などの条件に当てはまるかを判定し結果を bool オブジェクトで返す．注意が必要なのは == と is である．数学では「x に 7 を代入する」という意味 (代入) でも「x は 7 と等しい」という意味 (比較) でも $x = 7$ と書くことがあるが，Python では代入は a = 7，比較は a == 7 と書く．前者は代入文であり，後者は式だからまったくの別物である．

is は 2 つのものが「同一であるか」を判定する演算子で，「等しいか」を判定する == との違いがわかりにくい．例え話として家の玄関の錠を開くための合鍵を 2 つ作ったとしよう．合鍵はどちらも同じ形をしていて同じ錠を開くことができる．そういう意

表 3.3 比較演算子と論理演算子

比較演算子	a > b	a は b より大きい.	a < b	a は b より小さい.
	a >= b	a は b 以上.	a <= b	a は b 以下.
	a == b	a と b は等しい.	a != b	a と b は等しくない.
	a is b	a と b は同一である.	a is not b	a と b は同一ではない.
論理演算子	a and b	a と b 共に True であれば True,それ以外は False.		
	a or b	a と b の一方が True であれば True,それ以外は False.		
	not a	a の真偽値を反転する.		

味では 2 つの合鍵は「等しい」.しかし,2 つの合鍵はそれぞれ別の物体であり,「同一」ではないだろう.変数のアドレスカードの例えを説明した図 3.2 を思い出してほしい.そこでは 2 つのアドレスカード x と y がどちらも「A さん」という一人の人物を指し示している例を挙げたが,このような場合には x is y は True となる.

Python インタプリタ上で簡単に is と==の違いを確認できる例としては,7 と 7.0 といった整数と小数の比較が挙げられる.7==7.0 は値として等しいので True であるが,7 is 7.0 はそれぞれ int オブジェクトと float オブジェクトなのだから同一であるはずがなく,結果は False となる.

```
1  In [11]: 7 == 7.0
2  Out[11]: True
3
4  In [12]: 7 is 7.0
5  Out[12]: False
```

論理演算子は,「A または B」(論理和)や「A かつ B」(論理積)といった論理演算を行いたい時に使用する.注意が必要なのは not で,これは他の演算子のように 2 つの値の間に置くのではなく,値の前に置いて使用する.2 つの値に対して操作を行う演算子を二項演算子,1 つの値に対して操作を行う演算子を単項演算子と呼ぶ.今まで特に断っていなかったが数値の符号を反転させる-も単項演算子である.

ここまで紹介してきた演算子は組み合わせて使用することができる.数学の四則演算と同様に () で囲まれている部分が優先されるが,() がない場合や () 内にさらに複数の演算子がある場合は算術演算子,比較演算子,論理演算子の順に評価される.比較演算子同士の間には優先順位がなく,式の左側から順番に論理積で評価される.これを利用すると以下のように数値がある範囲内におさまっているか否かを論理演算子を使わずに記述できる.

```
1  In [13]: x = 7
2
3  In [14]: 0 <= x < 10
4  Out[14]: True
```

3 行目の式は 0 <= x and x < 10 と同等である.算術演算子の方が比較演算子よ

3.7 その他の大切なデータ型：dict, bool, None

り優先順位が高いので，以下のような書き方もできる．

```
In [15]: x = 5
                  -2*x が先に評価されるので 0 <= −10 < 10 と同じ
In [16]: 0 <= -2*x < 10
Out[16]: False
```

論理演算子の間では not, and, or の順に評価される．以下の例の 3 行目は「x が 0 より大きく，かつ x を 2 で割った余りが 0 ではない」という条件を表した式である．この式を使って Python インタプリタが演算子を処理する順番を見てみよう．

```
In [15]: x = 7

In [16]: x > 0 and not x % 2 == 0
Out[16]: True
```

まず，算術演算子である % があるので x % 2 が評価される．x % 2 は x を 2 で割った余りだから 1 である．続いて比較演算子である > と == が評価される．x > 0 は True，x % 2 == 0 は x % 2 が 1 だったことを考慮すると False である．したがってこの式は以下の式と同等である．

```
True and not False
```

まだ論理演算子 and と not が残っているが，not の方が優先順位が高いので not False を先に評価する．この結果は True なので式は True and True となり，最終的に True が得られる．このような演算は，データの中から特定の条件に合致するデータのみを抽出してプロットする際に使用される (第 12 章)．

True と False は真偽を表す値だが，数値として解釈すべき文脈で用いるとそれぞれ 1 と 0 として扱われる．例えば True + 1 は 2 となるし，False * 1 は 0 となる．逆に，真偽値として判断すべき文脈で数値を用いると，0 以外は True, 0 は False として扱われる．7 and True は 7 が True として扱われるので True, not 0 は 0 が False として扱われるので True である．0 and True はなぜか False ではなく 0 となるが，0 が False として働くので論理演算の上では問題ない．

本節で最後に紹介しておきたいのは None である．None は NoneType という型のオブジェクトで，「値がない」ことを示す．None は普通の値のように式の中に書くことができるが，算術演算子などと組み合わせると以下のようにエラーとなる．変数の値が意図せずに None になっているというミスはよくあるので，このようなエラーメッセージを見たら変数の値を確認するとよい．

```
In [17]: None + 5
Traceback (most recent call last):

```

```
4      File "<ipython-input-28-a7a3acba4d06>", line 1, in <module>
5        None + 5
6
7  TypeError: unsupported operand type(s) for +: 'NoneType' and 'int'
```
＋演算子は None と int の間で定義されていない

なお，None と bool の論理演算はエラーにならない．この組み合わせの場合は None は False と同様に偽を表すと解釈される．

```
1  In [18]: 7 > 0 and None
2  Out[18]: False
```

注意すべき点は，None は式文として評価しても Out の行が表示されないことである．また，Spyder の変数エクスプローラーにも表示されない．以下の例では1行目で x に None を代入しているが，1行目を実行した後に変数エクスプローラーを確認しても x は表示されない．続いて2行目のように x を式文として評価しても，評価結果が出力されない．この現象はぜひみなさんも実際に確認しておいてほしい．

```
1  In [19]: x = None
2  In [20]: x
```

何も出力されないと x という変数が存在しているのか不安になるかも知れないが，存在しない変数 (以下の例では xyz) を評価しようとすると「変数名が定義されていない」というエラーが返ってくるので，変数が存在していないのとは区別ができる．

```
1  In [21]: xyz
2  Traceback (most recent call last):
3
4    File "<ipython-input-36-b6273b589df2>", line 1, in <module>
5      xyz
6
7  NameError: name 'xyz' is not defined
```

3.8 NumPy の ndarray オブジェクトによるデータの表現

算術演算子の+は list や tuple，文字列に対しても使用することができる．以下の例のように，+の前後の要素を順番に結合したオブジェクトが得られる．

```
1  In [1]: ['小型','軽量'] + ['省電力','静粛性']
2  Out[1]: ['小型','軽量','省電力','静粛性']
```

「小型，軽量という特徴を持つものに省電力，静粛性という特徴を『加えた』」という言い方ができることを考えれば，list の結合という操作を+演算子で表すということは不自然ではない．しかし，以下の例はどうだろう．

3.8 NumPy の ndarray オブジェクトによるデータの表現

```
1  In [2]: (1, 3) + (7, 2)
```

先ほどの例と同様に，両者を連結して (1, 3, 7, 2) とするべきだろうか．それとも，それぞれの要素を足し合わせて (8, 5) とするべきだろうか．実際に確かめてみればわかるが，答えは (1, 3, 7, 2) である．要素が数値だろうが何だろうが，list や tuple に+演算子を適用すると要素の連結になるのである．

これは非常に重要なポイントで，Python においてオブジェクトに対して演算子を適用するなどの操作を行った時の動作はオブジェクトの「型」によって決まる．オブジェクトの動作を定めた「仕様書」のようなものを**クラス (class)** と呼ぶ．今まで list 型のオブジェクトと呼んでいたものは，list クラスという「仕様書」に従って作成されたオブジェクトと言うことができる．厳密に言えばクラスと型は同じではないが，Python3 を使う限りは同じと思って問題はないだろう．

さて，本書の目的であるグラフ描画という作業においては，(1, 3) + (7, 2) に対して (8, 5) という答えがほしい場合も少なくない．そのような場合は，list の代わりに「+演算子が要素同士の足し算になる」ように設計されたクラスを用いればよい．この目的にぴったりなのが **NumPy** というパッケージの ndarray クラスである．NumPy は高度な計算を行うために便利なクラスや関数をまとめたパッケージで，seaborn をはじめとして Python 上でデータ処理を行う様々なパッケージから利用されている重要パッケージである．NumPy を import する際はすべて小文字で numpy と書くが，NumPy の公式ドキュメントでは以下のように as を使って np という名前で読み込んでいるので本書もそれに従う．

```
1  In [3]: import numpy as np
```

NumPy に含まれる ndarray というオブジェクトは，数学で習ったベクトルのように同じ要素数のものを加算，減算したり，定数をかけ算，割り算したりすることができる．ndarray オブジェクトを作成するには，以下のように numpy の `array()` という関数の引数にシーケンスを与えるとよい．

```
1  In [4]: x = np.array([1, 3])
2  In [5]: y = np.array([7, 2])
```

作成した ndarray オブジェクト同士に+演算子を適用すると，以下のように要素同士の和が得られる．出力が単なる [8, 5] ではなく `array()` に囲まれているので，list オブジェクトと見間違えることはないだろう．

```
1  In [6]: x + y
2  Out[6]: array([8, 5])
```

NumPy は Python による高度なデータ処理を学ぶには不可欠だが，その解説は本

書で扱う範囲を大きく超えてしまうので，本節では以下の章で必要となる点だけを解説しよう．まず，ndarray オブジェクトは list や tuple と同じように入れ子にすることもできるし，[] 演算子で要素を取り出すこともできる．入れ子になっているすべての要素の要素数が等しい場合，1 つの [] の中にカンマ区切りでインデックスを並べて書くことができるという特徴がある．以下の例を見てみよう．

```
In [7]: x_list = [[1, 2, 3], [4, 5, 6]]
In [8]: x_array = np.array(x_list)
```

まず入れ子になった list オブジェクトを代入して x_list に代入している．第 1 要素，第 2 要素とも要素数が同じ (3 個) であることに注意してほしい．続いて x_list を array() を使って ndarray オブジェクトに変換して x_array に代入している．x_list と x_array を評価してみると，以下のように x_list は 1 行に出力されているのに対して x_array は数学の「行列」のように 2 行 3 列に表示されることがわかる．

```
In [9]: x_list
Out[9]: [[1, 2, 3], [4, 5, 6]]

In [10]: x_array
Out[10]:
array([[1, 2, 3],
       [4, 5, 6]])
```

2 行 3 列に整えられて表示されている

以下のように，x_array に格納されている ndarray オブジェクトでは，list のように [] 演算子を 2 つ並べて要素を取り出すことができる他にも，1 つの [] 演算子の中にインデックスをカンマ区切りで書くこともできる．

```
In [11]: x_array[0][1]
Out[11]: 2

In [12]: x_array[0,1]
Out[12]: 2
```

もちろん，x_list に格納されている list オブジェクトに対して，1 つの [] 演算子の中にカンマ区切りでインデックスを書くと以下のようなエラーとなる．[] 演算子の中にカンマ区切りの数値が書かれている時の処理が list クラスでは定義されていないからである．

```
In [13]: x_list[0,1]
Traceback (most recent call last):

  File "<ipython-input-57-e15d30c1a2eb>", line 1, in <module>
    x_list[0,1]

TypeError: list indices must be integers or slices, not tuple
```

表 3.4 主な ndarray オブジェクトの dtype

int	符号付き整数を表す．扱うことができる最大の桁数に応じて int8, int16, int32, int64 がある．
uint	符号なし整数を表す．扱うことができる最大の桁数に応じて uint8, uint16, uint32, uint64 がある．
float	浮動小数点数を表す．扱うことができる精度に応じて float16, float32, float64 がある．
bool	真偽値を表す．
object	データに数値と文字が両方含まれていたり，数値でも文字列でもないオブジェクトが含まれていることを表す．

ndarray オブジェクトでは高速な計算を実現するために，ndarray オブジェクトの中にある値が整数なのか，小数なのかといった情報を保持している．この情報を確認するためには，以下のように ndarray オブジェクト (を格納した変数) に続けて．演算子 (ドット演算子) を書き，さらに dtype と書く．ドット演算子の前後に半角スペースがあっても構わないが，通常はスペースを入れずに続けて書く．

```
1  In [14]: x_array.dtype
2  Out[14]: dtype('int32')
```

この例では dtype('int32') と表示されているが，これは 32 ビットの符号付き整数という意味である．32 ビットとは 32 桁の 2 進数で表現されているという意味であり，符号付きとは正負の数値を扱えるという意味である．符号なしならば 0 および正の整数のみを扱える [*5]．主な dtype の値を表 3.4 に示す．

dtype は ndarray オブジェクトの作成時に自動的に適切なものが選択されるが，引数 dtype を用いて指定することもできる．指定方法はいろいろあるが，例えば np.int32 で 32bit 符号付き整数を指定できる．以下の例では，array() に渡されている数値データに小数が含まれているにも関わらず dtype=np.int32 で整数型を指定している．出力を見ると，小数点以下が切り捨てられて整数に変換されていることがわかる．

```
1  In [15]: np.array([120.5, 128.4], dtype=np.int32)
2  Out[15]: array([120, 128])
```

3.9 クラスのデータ属性とメソッド

前節で ndarray オブジェクトの dtype というものを紹介したが，その際に現れた x_array.dtype という式はどういう意味なのだろうか．Python のクラスにおいて，そのクラスのオブジェクトが内部に保持するデータのことをデータ属性 (**data at-**

[*5] 符号なし整数は負の数を表す必要がないため，同じ桁数の符号付き整数より大きな正の整数を表現できるという利点がある．

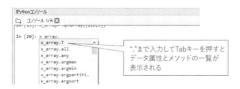

図 3.8 Tab キーを押すとデータ属性，メソッドの候補が表示される．

tribute) と呼ぶ [*6]．dtype というのは ndarray オブジェクトが持っているデータ属性の名前であり，．演算子はデータ属性にアクセスする時に用いる演算子である．したがって x_array.dtype という式は，変数 x_array に格納されたオブジェクトの dtype というデータ属性の値を取り出すという意味である．

ndarray オブジェクトには dtype の他にも入れ子になっている要素の各次元の要素数を保持する shape，すべての要素数を保持する size という属性などがある．前節の x_array について，これらのデータ属性にアクセスするには以下のようにする．

```
1  In [16]: x_array.shape
2  Out[16]: (2, 3)
3
4  In [17]: x_array.size
5  Out[17]: 6
```

Python のクラスにおいて，オブジェクトに対する操作を定めたものをメソッド (method) と呼ぶ．具体的な例を挙げると，ndarray オブジェクトには要素の平均値を計算する mean() というメソッドが用意されている．メソッドはデータ属性と同様に．演算子を使って使用する．前節の x_array について，このオブジェクトの mean() を呼び出して要素の平均値を計算する例を示す．

```
1  In [18]: x_array.mean()
2  Out[18]: 2.8333333333333335
```

この例では mean() の引数が指定されていないが，位置引数，キーワード引数 (2.4節) などを通常の関数と同様に指定できる．なお，IPython コンソール上では．まで入力してからキーボードの Tab キーを押すと，図 3.8 のようにデータ属性およびメソッドの一覧が表示されてそこから選択することもできる．表示される候補が多すぎる場合は，データ属性やメソッドの名前を途中まで入力してから Tab キーを押すと，入力した部分が一致する項目のみが表示される．便利なので覚えておくとよい．

タイプミスなどで存在しないデータ属性やメソッドにアクセスしようとするとエラーとなる．その際，タイプミスしたものがデータ属性 (data attribute: () を伴わない)

[*6] 単に属性とも呼ぶ．

であろうとメソッド (method: () を伴う) であろうと，エラーメッセージ上では以下のように object has no attribute と表示される点に注意すること．

```
In [3]: x_array.average()        ← () を伴うのでメソッド (method) の呼び出し
Traceback (most recent call last):

  File "<ipython-input-3-a9b7a2f2e961>", line 1, in <module>
    x_array.average()
                                  ← エラーメッセージは "no attribute"
AttributeError: 'numpy.ndarray' object has no attribute 'average'
```

さて，前節において「オブジェクトに対して演算子を適用するなどの操作を行った時の動作はオブジェクトの「型」によって決まる」と述べたが，この動作を決めているものの実体はメソッドである．例えば+演算子の左側にオブジェクトが置かれた時，このオブジェクトが__add__() という名前のメソッドを持っていれば，このメソッドによって+演算子の動作が決まる．したがって以下のように+演算子を使った場合と__add__() メソッドを使った場合は同じ結果が得られる．

```
In [19]: x_array + [[1,1,1], [2,2,2]]
Out[19]:
array([[2, 3, 4],
       [6, 7, 8]])          ← (+) 演算子による和の計算

In [20]: x_array.__add__([[1,1,1], [2,2,2]])
Out[20]:
array([[2, 3, 4],
       [6, 7, 8]])          ← __add__() でも同じ結果
```

3.2 節 (p.18) において「先頭に_が付く名前は特別な意味を持つことがあるので使わない方がよい」と述べたが，__add__() はそのような特別な名前の一例である．

ndarray オブジェクトには非常に多くのデータ属性とメソッドが備わっているが，次章以降では必要がないのでここで区切りとしよう．次章ではデータをファイルから読み込む方法を解説する．

4 ファイルからデータを読み込む

4.1 カンマで区切られたテキストファイルを読み込む

　前章でグラフ描画に用いるデータを Python で表現する方法を学んだが，前章のような手作業で IPython コンソールにデータを入力するのは大変である．本章では，ファイルからデータを読み込んでグラフ描画に用いる方法を解説する．

　最初に扱うのはカンマで区切られたテキストファイルである．テキストファイルとは，文字コード[*1] のみで構成された文書ファイルである．多くの文書作成アプリケーションは文書をテキストファイルとして保存できるが，図表やページのレイアウトなどの情報は文字コードでは表現できないため，テキストファイルとして保存すると失われてしまう．

　カンマ区切りのテキストファイルとは，図 4.1 左のような表形式のデータを図 4.1 右のように各行の項目毎に，で区切って並べたものである．Comma-Separated Values の頭文字をとって **CSV** ファイルと呼ばれる．CSV ファイルを作成するには，テキストファイルを編集するアプリケーション (一般にテキストエディタと呼ばれる) を使用して入力したり，CSV ファイルとしてデータを保存できる表計算アプリケーションを使用したりするといった方法がある．本節では，Spyder の操作の練習も兼ねて Spyder のエディタペインを使用してみよう．

　エディタペインは第 2 章で述べた通り，Spyder の標準的なレイアウトでは左半分を占める大きなペインである．ここでテキストファイルを編集して保存することができる．起動時には仮のテキストファイルがすでに作成されている状態になっているが，ここでは新しくファイルを作成するところから始めよう (図 4.2)．まず Spyder のメニューの「ファイル」から「新規ファイル...」という項目を選択する．するとエディタペイン上部に「タイトル無し 0.py」というタブが追加される．「タイトル無し 0.py」

[*1] 文字ひとつひとつに割り振られた番号．例えば ASCII コードという文字コードで 0x41 は 'A' の文字を表す．Unicode も文字コードの一種である．

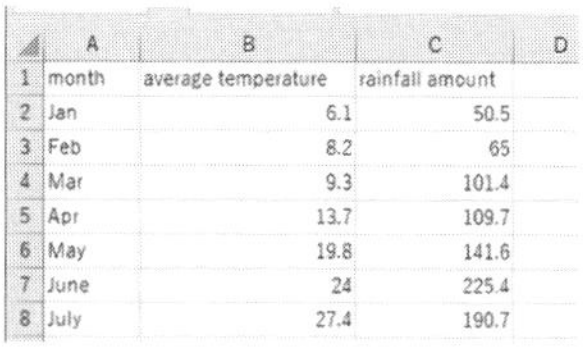

4.1 カンマで区切られたテキストファイルを読み込む　　39

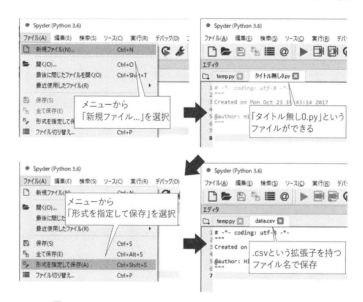

図 4.1　カンマ区切りのテキストファイル (CSV ファイル). 左の表形式データの各行の項目をカンマ区切りで並べて右のようなテキストファイルとしたものを指す.

図 4.2　Spyder のエディタペインで CSV ファイルを作成する

とは Spyder が仮に付けたファイル名で，数値の部分は新しくファイルを作成するたびに 1, 2, 3 と増える．ファイル名の最後のピリオドとそれに続く半角英数字の部分 (この例では.py) を拡張子 (extension) と呼ぶ．拡張子はファイルの種類を判断しやすくするためにファイル名の最後に付けられるもので，.py は Python のスクリプト (第 8 章) を表す．CSV ファイルの場合は.csv という拡張子を付けるのが一般的なので，拡張子を変更して保存しよう．

　拡張子を変更して保存するには，Spyder のメニューの「ファイル」を開き，「形式を選択して保存」を選択する．標準的なファイル保存ダイアログが開くので，ファイルを保存したい場所 (デスクトップなど) を選んで，data.csv という名前で保存しよう．保存が終了すると，エディタペインの「タイトル無し 0.py」というタブが「data.csv」に変わっているはずである．これで data.csv というテキストファイルを作成できた．

40   4. ファイルからデータを読み込む

図 4.3 絶対パスと相対パス．Microsoft Windows 上で USB メモリに F: のドライブ
レターが割り当てられた場合を示している．

続いてこの data.csv に以下のデータを入力しよう．

```
1  month,average temperature,rainfall amount
2  May,19.8,141.6
3  June,24,225.4
4  July,27.4,190.7
5  Aug,27.6,89.8
6  Sept,24,129.7
7  Oct,20.1,97.9
```

文字はすべて半角英数，つまり日本語入力は OFF にして入力すること．Spyder で作成したテキストファイルには最初から 8 行程度のテキストが入力されているが，すべて削除して 1 行目が month,... の行となり，Oct,... の行以降に余計な文字が入力された行がないようにすること．入力を終えたら，Spyder のメニューの「ファイル」から「保存」を選んで保存してほしい．

続いて，この data.csv を使ってグラフを描いてみよう．CSV ファイルの読み込みには **pandas** というパッケージが便利である．pandas は pd という別名で読み込むことが慣例となっているので，Spyder の IPython コンソールで以下のように入力して読み込む．ついでに seaborn も読み込んでおこう．

```
1  In [1]: import pandas as pd
2  In [2]: import seaborn as sns
```

pandas で CSV ファイルを読み込むには read_csv() という関数を用いる．第 1 引数に，読み込むファイルの位置を表すパス (**path**) と呼ばれる文字列を指定する．path とは経路という意味があり，ファイルの位置までたどり着く経路を示すものだと思えばよい．経路の起点となる位置の違いにより，**絶対パス**と**相対パス**の 2 種類がある．

図 4.3 を用いて絶対パスを説明しよう．PC のファイルやディレクトリ (フォルダとも呼ばれる) は，図 4.3 の左側を根本，右側を枝葉と考えれば 1 本の木が枝葉を広げているように見ることができる．そこでこの構造をディレクトリツリーと呼び，一

番左側の部分をルート (root) と呼ぶ．絶対パスは，ルートを起点として枝葉の方へ向かって進む経路を示したものである．

ルートは原則的にはただ 1 つしかないのだが，Microsoft Windows ではハードディスクや USB メモリなどに割り振られた C: や F: などの「ドライブレター」がルートとなる．そして，\を区切り文字として目的のファイルの位置までのディレクトリ名を書き連ね，最後に目的のファイル名を書く．図 4.3 の USB メモリのドライブレターがF: であれば，data1.csv の絶対パスは F:\Data\2017\data1.csv となる．

Macintosh や Linux などの OS の場合は/でルートを表し，ディレクトリ名を順番に/で区切りながら書く．USB メモリなどのメディアは，/Volumes/my_usb や/media/user/my_usb といったように，ディレクトリツリーの中の 1 つのディレクトリであるかのように表現される．このことを，USB メモリがそのディレクトリに「マウントされている」などと言う．図 4.3 の USB メモリが/media/user/my_usb にマウントされているならば，data1.csv の絶対パスは/media/user/my_usb/Data/2017/data1.csvである．

このように OS によってパスの記法が異なるので「研究室の PC は Linux だけど私物の PC は Windows」といった状況ではいろいろと困ったことが生じるのだが，幸いなことに Python では OS に関わらずパスの区切り文字に/が使用できる．したがって，Windows 上で実行している Python でも F:/Data/2017/data1.csv と書くことにしておけば区切り文字が異なる問題は回避できる．

OS 間でルートが異なる問題については，相対パスを用いると解決できる．相対パスは，ディレクトリツリー内の任意のディレクトリを起点として経路を示す方法である．相対パスの起点となるディレクトリをカレントディレクトリと呼ぶ．相対パスも基本的には絶対パスと同様にルートから枝葉の方向へ向かってディレクトリ名を並べて記述するが，図 4.3 の 2018 というディレクトリがカレントディレクトリである時に data1.csv や plot.png といったファイルの位置へたどり着きたい場合のように，枝葉の方向へ向かうだけではたどり着けない場所がある．そこで，ディレクトリ名の代わりに..と書くとディレクトリツリーをルート方向へ 1 段階戻るというルールが用意されている．図 4.3 の 2018 がカレントディレクトリならば..は Dataディレクトリだから，../2017/data1.csv と書けば data1.csv にたどり着く．..は../.. という具合に続けて書くことができるので，これを駆使すればディレクトリツリー内のどの位置でもたどり着くことができる．2018 がカレントディレクトリの時，../../Doc/figs/plot.png とすれば plot.png まで到達できることを図 4.3 を見ながら確認してほしい．なお，図 4.3 の data2.csv のようにカレントディレクトリに存

在しているファイルは，相対パスではそのまま data2.csv と書けばよい [*2]．

　Python で作業する際にカレントディレクトリをどこにするか決めておいて，そこからの相対パスでファイル位置を指定する習慣を付けておけば，使用している PC の OS が何であるかをほとんど意識せずにファイル位置を指定できる．

　パスの説明はこのくらいにしておいて，Spyder の IPython コンソールでの作業に戻ろう．IPython 上でカレントディレクトリを調べるには，IPython のマジックコマンド (**magic command**) を使用するとよい．マジックコマンドは「Python の文ではないのだが，IPython のプロンプトに入力して実行できるコマンド (命令)」である．カレントディレクトリは，以下のように%pwd というマジックコマンドで確認することができる [*3]．

```
In [3]: %pwd
'C:\\Users\\user'
```

　この例は Microsoft Windows で実行したものなので，パスの区切り文字として\が用いられている [*4]．カレントディレクトリが C:\Users\user と出力されているので，C:\Users\user に data.csv を置いておけば'data.csv' と書くだけで C:\Users\user\data.csv を指定することができる．また，'Documents/work/data.csv' と書けば C:\Users\user\Documents\work\data.csv を指定できる．

　カレントディレクトリを変更するには%cd というマジックコマンドを用いる．以下のように%cd の後に半角スペースを置いて新しいカレントディレクトリのパスを指定する．新しいカレントディレクトリは相対パス，絶対パスのどちらで書いても構わない．マジックコマンドは Python の文ではないので，パス文字列を' や"で囲まなくてよい点に注意すること．

```
In [4]: %cd Documents/work
C:\Users\user\Documents\work
```

　IPython コンソールでは，パスを途中まで入力してキーボードの Tab キーを押すと，パスの残りを補完してくれる．図 4.4 の例は C:/Users/Public/D まで入力して Tab キーを押した様子である．C:/Users/Public に D から始まるディレクトリ (およびファイル) が Desktop, Documents, Downloads の 3 つ存在していたため，これらの候補が表示されている．カーソルキーの上下かマウスを使って目的のものを選択すれば，残りを自分で入力せずに済む．もしここで C:/Users/Public/De まで入力して Tab を押していれば，該当するディレクトリが Desktop しか存在しないので，自

[*2] カレントディレクトリは．の一文字で表せるので./data2.csv と書くこともできる．
[*3] マジックコマンドは%から始まるが，同名の変数などを使用していなければ%は省略してもよい．
[*4] \ がエスケープ文字 (p.23) なので \\ となっている点に注意．

4.1 カンマで区切られたテキストファイルを読み込む

図 4.4 パスの入力中に Tab キーを押すと補完が行われる

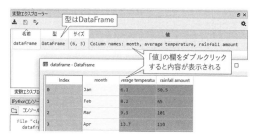

図 4.5 `read_csv()` の戻り値を変数 `dataframe` に代入した際の変数エクスプローラーの表示

動的に C:/Users/Public/Desktop/ まで補完される．

無事に変更が終了したら，新たなカレントディレクトリが絶対パスで表示される．各自で先ほど data.csv を保存したディレクトリがカレントディレクトリになるように作業すること．作業が終了すれば，以下の文を実行して `read_csv` ファイルを読み込むことができる．

```
1 In [5]: dataframe = pd.read_csv('data.csv')
```

実行すると，Spyder の変数エクスプローラーに `dataframe` が図 4.5 のように表示されるはずである．型は DataFrame と表示されていて，値の欄には Column names: month, average temperature, rainfall amount と表示されている．"Column names"は列名という意味で，month 以降は data.csv の 1 行目に記入した内容であることから，1 行目が列名として用いられていることがわかる．さらに値の欄をダブルクリックすると，別ウィンドウが開いてその内容を確認できる．

DataFrame オブジェクトから各列の値を取り出すには，[] 演算子に列名を指定する．例えば `dataframe['month']` とすれば month の列の値を取り出すことができる．これを利用すると，第 2 章の要領で seaborn の `barplot()` を用いて棒グラフを描くことができる．以下に横軸に month，縦軸に rainfall amount をとってプロットする例を示す．

```
1 In [6]: sns.barplot(x=dataframe['month'], y=dataframe['rainfall
     amount'])
```

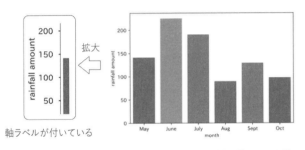

図 4.6 read_csv() で読み込んだデータからプロットした例．軸ラベルが付いている点に注意．

出力された図を 4.6 に示す．縦軸に rainfall amount，横軸に month と軸ラベルが付いている点に注目してほしい．DataFrame オブジェクトから取り出した列データには列名の情報が保持されていて，barplot() が列名情報を利用するように作られているため軸ラベルが出力されるのである．

4.2 read_csv() を使いこなす

read_csv() は，引数を指定することによって様々な形式のファイルに対応することができる．表 4.1 に主な引数を示す．

sep (または delimiter) は，以外の区切り文字を使用しているファイルを読み込む時に使用する．区切り文字が，でないファイルはもはや CSV ファイルではないが，いろいろなファイルに対応できるのは便利である．カンマ以外によく使われる区切り文字としてタブ文字 (キーボードの Tab と書かれたキーで入力する文字) があるが，タブ文字を指定する場合はエスケープ文字を使って sep='\t' とする．

quotechar は，Mon,Wed,Sat のような区切り文字 (,) を含む文字列をひとまとまりの値として表現したい時に用いる．デフォルト値は"なので，"Mon,Wed,Sat"と書かれていれば read_csv() はこれをひとかたまりの値として解釈する．' などの"以外の文字で囲まれている場合は quotechar にその文字を指定すればよい．

names と header はデータの列名に関わる引数である．names=['A'，'B'，'C'，'D'] という具合に文字列を並べた list などを指定すると，列名が順番に A，B，C，D となる．names が与えられなければ read_csv() はファイルの先頭行を列名と解釈して読み込むが，header で行インデックスが指定されたら，その行を列名と解釈する．Python のインデックスの習慣に従って先頭行は 0 なので注意すること．また，header を指定すると，それより前の行は無視される．以下の例のように列名が入力されている行より前に付加的な情報が記されているファイルを読み込む時に便利である．

4.2 read_csv() を使いこなす

表 4.1 read_csv() の主な引数

引数	説明
sep	区切り文字を指定する．デフォルト値は',',delimiter でも同じ．
quotechar	引用符として使用する文字を指定する．引用符で囲まれた中にある区切り文字は区切りとして解釈されない．デフォルト値は"．
names	列名を指定する．列名は list などを用いて列挙する．
header	列名に使用する行を指定する (先頭行は 0)．names が指定されている場合はそちらが優先される．1 以上の値が指定された場合はそれより前の行は無視される．行インデックスを並べた list などを与えるとマルチインデックスとなる．
comment	コメント行を示す文字を指定する．指定された文字から始まる行は読み飛ばされる．
index_col	インデックスとして使用する列を指定する．整数の場合は列インデックス (先頭列は 0)，文字列の場合は列名と解釈される．
skiprows	読み飛ばす行を指定する．正の整数を指定すると，先頭行から指定された行数だけ読み飛ばす．行インデックス (先頭行は 0) を並べた list オブジェクトなどを指定した場合は，それらの行を読み飛ばす．関数を指定することもできる (第 12 章)．
skipfooter	正の整数を指定すると，ファイル末尾から指定された行数だけ読み飛ばす．
skip_blank_lines	True なら空行を読み飛ばす．False ならその行の値は NaN となる．デフォルト値は True．
skipinitialspace	True ならば区切り文字の後ろにある空白文字を読み飛ばす．デフォルト値は False．
usecols	読み込む列をインデックスまたは列名を並べた list などで指定する．
true_values	真偽値の真 (True) として解釈する値を指定する．
false_values	真偽値の偽 (False) として解釈する値を指定する．
na_values	非値 (NaN) として解釈する値を指定する．
encoding	ファイルで使用されている文字コードを指定する．
dtype	各列の値の型を指定する．
converters	数値を変換しながら読み込む．詳しくは第 12 章参照のこと．

```
1  // Date: 2018/01/31
2  // Sampling Rate : 100Hz
3  // Channels: 2
4  ID,X1,Y1,Z1,X2,Y2,Z2        ← ここより上の行は読み飛ばしたい
5  1,1392,-160,66,-212,-121,-38
6  2,952,128,-161,4,-78,-166
```

header に複数の行インデックスを並べた list などを指定すると，マルチインデックスのデータとして読み込まれる．具体例を見た方がわかりやすいので，以下の例を使おう．

```
1  Sapporo,Sapporo,Tokyo,Tokyo,Naha,Naha
2  temp,rainfall,temp,rainfall,temp,rainfall    ← この行までインデックス
3  -3.6,113.6,5.2,52.3,17,107
4  -3.1,94,5.7,56.1,17.1,119.7
5  0.6,77.8,8.7,117.5,18.9,161.4
```

CSV 形式だとかなり見にくいが，1 列目から順番に札幌，東京，那覇の平均気温 (temp) と降水量 (rainfall) のデータが並べられている．1 行目が都市名，2 行目が平均気温と降水量の見出しである．このようなデータを，header=(0,1) を指定して読み込むと，以下のような結果が得られる．見出しが階層状になっていることが見てとれるが，これがマルチインデックスと呼ばれる状態である．

```
1  In [5]: data = pd.read_csv('foo.txt', header=[0,1])
2
3  In [6]: data
4  Out[6]:
5     Sapporo          Tokyo           Naha
6        temp rainfall  temp rainfall   temp rainfall    ← 見出しが階層状
7  0    -3.6    113.6   5.2     52.3   17.0    107.0
8  1    -3.1     94.0   5.7     56.1   17.1    119.7
9  2     0.6     77.8   8.7    117.5   18.9    161.4
```

マルチインデックスの上位の階層 (この例では都市) を指定すると，下位の階層のデータをすべて取り出すことができる．具体的には，'Tokyo' をキーとして与えると東京のデータだけを抜き出すことができる．さらに，('Sapporo', 'rainfall') のように tuple を使って上位と下位の階層をまとめて指定することもできる．

```
1  In [7]: d['Tokyo']     ← 上位の階層のみ指定
2  Out[7]:
3      temp  rainfall
4  0    5.2     52.3
5  1    5.7     56.1
6  2    8.7    117.5
7
8  In [8]: d[('Sapporo', 'rainfall')]   ← 2つの階層を指定
9  Out[8]:
10 0    113.6
11 1     94.0
12 2     77.8
13 Name: (Sapporo, rainfall), dtype: float64
```

ここで注意が必要なのは，複数の階層をまとめて指定する場合は tuple でなければならないという点である．list を使うと以下のようにエラーとなってしまう．

```
1  In [9]: d[['Sapporo', 'rainfall']]
2  Traceback (most recent call last):
3
4    File "<ipython-input-29-40d199d8cefc>", line 1, in <module>
5      d[['Sapporo', 'rainfall']]
6
7  (中略)
```

```
8
9 KeyError: "['rainfall'] not in index"
```

ここで注意すべきは ['rainfall'] not in index というメッセージである．rainfall がインデックスではないとはどういう意味だろう？ 実は list を使用すると複数のインデックスをまとめて指定できるのである．したがって，['Sapporo', 'rainfall'] と書くと最上位の階層 (=都市) にある 'Sapporo' と 'rainfall' というキーを指定していると解釈されてしまう．最上位の階層には 'rainfall' という列はないので，['rainfall'] not in index というエラーメッセージが返ってきたのである．['Sapporo', 'Naha'] ならばどちらも最上位の階層にある名前なので以下のように札幌と那覇のデータが得られる．

```
1 In [10]: d[['Sapporo','Naha']]      ← list で複数列を指定
2 Out[10]:
3    Sapporo         Naha
4       temp rainfall temp rainfall
5 0     -3.6    113.6 17.0    107.0
6 1     -3.1     94.0 17.1    119.7
7 2      0.6     77.8 18.9    161.4
```

header の解説はこの程度にしておいて，次は comment を取り上げよう．comment に文字を指定すると，その文字から始まる行は無視される．ファイル内にコメントを残しておきたい時に便利である．ただし，指定できる文字は 1 文字のみであり，// のように複数文字の組み合わせを指定することはできない．このような場合，データとして読み込む行で / から始まるものがなければ / を指定すれば問題ないが，そうではない場合は header や後述の skiprows などを活用するか，データファイル自体を編集して // を他の文字へ置き換える必要があるだろう．

index_col は，ファイルの各行のデータのインデックスとなる値が格納されている列を指定する．例えば 1 日 1 件の計測値があって，計測日時が入力されている列が存在しているならば，その列をインデックスに指定しておくとデータ処理やグラフ描画の時に活用することができる．header 同様，列インデックスを並べた list などを指定するとマルチインデックスとなる．

skiprows, skipfooter, skip_blank_lines, skipinitialspace は読み込みの際に無視する行や文字の指定である．skiprows に正の整数を指定した場合は，ファイルの先頭から指定された数の行を無視する．skiprows=[0,3] のようにインデックスを並べた list などを指定すると，該当する行が読み飛ばされる．より柔軟に読み飛ばす行を指定するために関数を使うことも可能だが，これについては第 12 章で触れる．ファイルの末尾から数えて無視する行数を指定する場合は skipfooter を指定する．skiprows とは異なり，list などを指定することはできない．

列を読み飛ばす場合は usecols を指定する．行の場合とは異なり，読み込む列を指定する点に注意が必要である．指定には [0,2] のように列インデックスを並べるか，['X','Y','Z'] のように列名を並べた list などを用いる．「3 行目 (=インデックス 2) だけ読み込みたい」という場合でも [2] のように list などを用いる必要がある．

skip_blank_lines は，空行 (1 文字もない行) を無視するか否かを指定する．デフォルト値が True なので，何も指定しなければ空行は無視される．空行を「すべての列において NaN(Not a Number:非値)」として扱いたい場合は skip_blank_lines=False とするとよい．

skipinitialspace は，以下の例のように空白文字で整えられている CSV ファイルを読み込む時に有効である．

```
1 Month,     Temperature, Rainfall
2 January,         6.1,      50.5
3 February,        8.2,      65.0
4 March,           9.3,     101.4
```

このようなファイルを skipinitialspace の指定なしで読み込むと，2 列目の列名が'Temperature' ではなく'␣␣␣␣Temperature' となってしまう (␣は空白文字)．区切り文字である「,」と Temperature の間にある空白文字がそのまま列名に反映されるからである．引数に skipinitialspace=True を指定すると，空白文字が無視されるので 2 列目の列名は'Temperature' になる．

引数名に initial space とあるように，無視されるのは冒頭の空白文字なので，途中や末尾にある空白文字は無視されない点は注意する必要がある．具体的には，以下のような例では 1 列目の列名は'Month' ではなく'Month␣␣␣' となってしまう．2 行目以降も同様に'January' ではなく'January␣' といった具合になる．

```
1 Month    , Temperature, Rainfall
2 January  , 6.1        , 50.5
3 February , 8.2        , 65.0
4 March    , 9.3        , 101.4
```

なお，この空白文字の問題は，値が文字列であると解釈された場合に生じる．数値として解釈できる場合は skipinitialspace の値に関係なく空白文字は無視される．

true_values, false_values, na_values はそれぞれ真 (True), 偽 (False), 非値 (NaN) として解釈される値を指定する．以下のように T と F で真偽を表し，−9999 という数値でデータの欠損を表しているファイルがあるとしよう．これを read_csv() で読み込むと (ただし skipinitialspace=True)，T と F は'T' や'F' という文字列と解釈されるし，−9999 は数値として解釈される．true_values='T', false_values='F', na_values=-9999 を引数に与えれば，適切に読み込むことができる．

```
1  Month,    Temperature, Rainfall, Failure
2  January,         6.1,     50.5,       F
3  February,      -9999,     65.0,       T
4  March,           9.3,    101.4,       F
```

encodingはファイルで使用されている文字コードを指定する．read_csv()はUTF-8という文字コードで書かれたテキストファイルであれば日本語などの文字が含まれていても適切に読むことができる．しかし，日本語版Microsoft WindowsではCP932[*5]という文字コードを使ってテキストファイルを保存するアプリケーションが少なくないため，そのようなアプリケーションで保存されたテキストファイルを読み込もうとするとエラーとなる．例えば，以下のファイルをCP932で保存したとしよう．

```
1  月,   気温,  降水量
2  一月, 6.1,  50.5
3  二月, 8.2,  65.0
4  三月, 9.3,  101.4
```

これをread_csv()でencodingの指定なしに読み込もうとすると以下のようなエラーが返ってくる．非常に長いメッセージなので中略していることに注意．

```
1  In [10]: d = pd.read_csv('cp932_data.txt', skipinitialspace=True)
2  Traceback (most recent call last):
3
4    File "<ipython-input-64-a8de2df175d7>", line 1, in <module>
5      d = pd.read_csv('cp932_data.txt', skipinitialspace=True)
6
7  (中略)
8
9  UnicodeDecodeError: 'utf-8' codec can't decode byte 0x8c in position
       0: invalid start byte
```

長いエラーメッセージが表示されても怯まずに，最後の行を確認してほしい．UnicodeDecodeErrorとあるのでUnicodeに関するエラーである．'utf-8' codec can't decode... のdecodeとは，文字コード表に従って数値に変換された文字を元に戻すことで，復号化と訳される．対義語 (文字コード表に従って文字を数値化すること) はencode (符号化) と呼ばれるのであわせて覚えておくとよい．したがってこれは「UTF-8に従って文字を復元することができない」という意味である．encoding='cp932' と文字コードを指定してやれば，正しく読み込むことができる．

```
1  In [11]: d = pd.read_csv('cp932_data.txt', skipinitialspace=True,
               encoding='cp932')         encoding='cp932' を指定
2
```

[*5] Shift-JISという文字コードをベースにWindows独自の拡張を施したものである．

```
3  In [12]: d
4  Out[12]:
5        月    気温   降水量
6  0   一月   6.1   50.5
7  1   二月   8.2   65.0
8  2   三月   9.3  101.3
```

dtype は読み込みデータの型を NumPy の dtype (3.8 節, p.35) で指定する. dtype=np.int32 などと指定するとすべての列の dtype をまとめて指定できるが, 多くの場合は列毎に指定したいだろう. 列毎に指定するには, 列名または列インデックスをキーとした dict オブジェクトを用いる. 以下の例では, インデックス 0 の列に int32, インデックス 1 の列に float64 を指定している.

```
1  In [13]: d = pd.read_csv('foo.txt', dtype={0:np.int32, 1:np.float64})
```

Temperature という名前の列に int32, Rainfall という名前の列に float64 を指定するには以下のようにする. インデックスで指定する方法と列名を使う方法は混ぜて使うこともできる. 変換できない dtype が指定された場合はエラーとなる.

```
1  In [13]: d = pd.read_csv('foo.txt', dtype={'Temperature':np.int32,
         'Rainfall':np.float64})
```

以上, 表 4.1 に挙げた引数について簡単に解説してきた. まだ converters が残っているが, これについては第 12 章で取り上げる. read_csv() には他にも引数があるが, とりあえず本節で取り上げたものを押さえておけば多くのテキストファイルに対応できるだろう.

4.3　Excel ブックからデータを読み込む

pandas には Microsoft Excel ブック (xlsx ファイル) を読み込む関数 read_excel() も用意されている. read_csv() と同様に, 第 1 引数にファイル名を指定する. 主な引数を表 4.2 に示す.

read_csv() と共通のものが多い中, Excel ならではと言えるのが sheetname である. Excel ブックにはシートと呼ばれる形式でデータが格納されているが, sheetname を使うとどのシートを読み込むかを指定することができる. 基本は, シートのインデックスまたはシート名を指定する方法である. 以下の例では data.xlsx という Excel ブックからインデックス 2 のシート (すなわち先頭から 3 枚目のシート) と「2017 年度」という名前のシートを指定して読み込んでいる.

```
1  In [11]: data03 = pd.read_excel('data.xlsx', sheetname=2)
2
```

表 4.2 read_excel() の主な引数．header 以降は read_csv() と共通

引数	説明
sheetname	読み込むシートを指定する．整数なら指定したインデックスのシートを読み込む (先頭のシートが 0)．文字列なら該当する名前のシートを読み込む．[0,1,'Sheet5'] のように複数のシートを list で指定することもできる．None なら全部のシートが読み込まれる．デフォルト値は 0 である．
convert_float	この引数が True ならば，列の値がすべて整数として解釈できる場合は整数として読み込む．すなわち，1.0 は 1 となる．False ならすべて小数として読み込む．デフォルト値は True．
header	ヘッダとして利用する行のインデックスを指定する．行インデックスを並べた list を与えるとマルチインデックスになる．
index_col	インデックスとして使用する列を指定する．列インデックスを並べた list を与えるとマルチインデックスになる．
names	列名を指定する．列名は list などを用いて列挙する．ファイルにヘッダ行が含まれていないなら，明示的に header=None を渡す必要がある．
usecols	読み込む列を，列インデックスまたは列名を並べた list などで指定する．
parse_cols	解析する列を指定する．整数なら列インデックスとして解釈され，先頭列から指定された列までが解析される．列インデックスを並べた list ならば，指定された列が解析される．'A:E' や 'A,C,E:F' といった文字列でも解析する列を指定できる (A:E は A 列から E 列までの意)．None なら全部の列が解析される．
skiprows	読み飛ばす行のインデックスを指定する．
skip_footer	ファイル末尾から指定された行数だけ読み飛ばす．
true_values	True として解釈する値を指定する．
false_values	False として解釈する値を指定する．
na_values	NaN として解釈する値を指定する．
dtype	各列の値の型を指定する．
converters	数値を変換しながら読み込む．詳しくは第 12 章参照のこと．

```
3 In [12]: data2017 = pd.read_excel('data.xlsx', sheetname='2017年度')
```

複数のシートを読み込む場合は，list を使ってシートのインデックスまたはシート名を列挙する．インデックスによる指定とシート名による指定は同時に使用することができる．

```
1 In [13]: data = pd.read_excel('data.xlsx', sheetname=[0,1,'2017年度',
     '2018年度'])
```

複数のシートを読み込んだ時の戻り値は，変数エクスプローラーを確認するとわかるように OrderedDict という型のオブジェクトである (図 4.7)．OrderedDict は通常の dict と同様にキーを使って値を取り出すことができるオブジェクトだが，ordered という名が示すようにキーが追加された順番が保たれるという特徴を持つ [6]．

戻り値の内容を確認するには，変数エクスプローラー上でダブルクリックするとよい．図 4.7 のように，キー名とそれに対応する DataFrame オブジェクトが表示され

---

[6] 第 7 章で取り上げる for 文で 1 つずつ値を取り出す時に順番が保たれるという意味である．

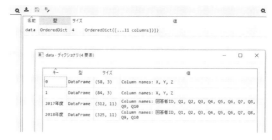

図 4.7 Excel ブックから複数のシートを読み込んだ結果

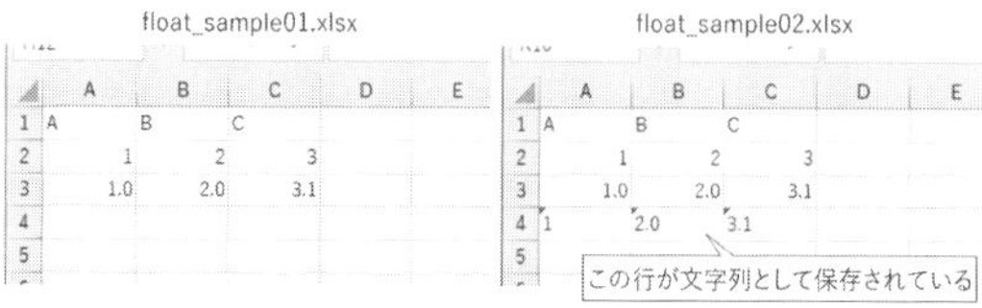

図 4.8 convert_float の動作確認に使用するサンプル Excel ブック

る．読み込む際の引数 sheetname に並べた値がそのままキーとなっていることがわかる．IPython コンソール上で操作する場合は，以下のように [] 演算子を使えばよい．

```
1  In [14]: data2017 = data['2018年度']
2
3  In [15]: data[0]['X'].mean()
```

2 つ目の書き方がよくわからないかも知れないが，演算子は優先順位が同じなら左から評価していくのでまず data[0] が評価される．これは Excel の先頭のシートを読み込んだ DataFrame オブジェクトだから，['X'] を付けて data[0]['X'] とすれば X の列が得られる．さらに得られた X の列の mean() というメソッドを呼び出している．このように式が左から評価されることを利用して次々と演算子をつなげる手法はインターネット上で見つかるサンプルプログラムなどでしばしば見かけるので戸惑わないようにしておきたい．

続いて取り上げる convert_float は，数値の読み込み方法に関する引数である．False を指定すると，read_excel() はすべての数値を小数として読み込む．True を指定すると，それぞれの列の値を確認して，全てが整数として解釈できる場合はその列の値を整数として読み込む．デフォルト値は True である．図 4.8 左のような内容の float_sample01.xlsx という Excel ブックがあるとしよう．これを convert_float の指定なし (すなわちデフォルト値の True) で読み込むと以下の結果を得る．

```
1  In [15]: pd.read_excel('float_sample01.xlsx')
2  Out[15]:
```

```
3    A   B   C
4 0  1   2   3.0
5 1  1   2   3.1
```

まず A 列と B 列は 2 列目が小数だが，小数点以下が 0 で整数として解釈できるので，整数として読み込まれている．一方，C 列は 2 行目が「3.1」となっており，整数として解釈できないのでこの列の値は浮動小数点数として読み込まれる．その結果，C 列の 1 行目は整数として解釈可能な「3」であったが「3.0」として読み込まれている．

少し注意が必要なのは，Excel ではしばしばあるトラブルだが数値が文字列として保存されている場合である．図 4.8 右の float_sample02.xlsx という Excel ブックを読み込んでみよう．float_sample01.xlsx との違いは，3 行目が文字列として保存されている点である．

```
1 In [16]: pd.read_excel('float_sample02.xlsx')
2 Out[16]:
3    A   B    C
4 0  1  2.0  3.0
5 1  1  2.0  3.1
6 2  1  2.0  3.1
```

A 列と C 列は float_sample01.xlsx の時と同様だが，B 列が浮動小数点数として読み込まれている．B 列 3 行目の「2.0」という文字列を数値に変換する際に「この値は浮動小数点数だ」と判定されてしまうためである．

単に数値をグラフ化するだけなら整数だろうと浮動小数点数だろうと問題にはならないだろうが，この列の値をインデックスとして他の list オブジェクトなどから値を取り出すために使おうとすると以下のようにエラーが生じてしまう．インデックスとして浮動小数点数は使えないからである．

```
1 Traceback (most recent call last):
2
3   File "<ipython-input-58-ba69b1d17e72>", line 1, in <module>
4     [1,2,3,4][data['B'][0]]
5
6 TypeError: list indices must be integers or slices, not float
```

表 4.2 の header 以降の引数は，基本的に read_csv() と同様の働きをすると考えてよい．ただし，まったく同一ではないので注意を要する．例えば，前節でマルチインデックスを解説する時に取り上げた例を Excel ブックに置き換えてみよう．図 4.9 上のような Excel ブックを data.xlsx という名前でカレントディレクトリに置いておいて，header=(0,1) を指定して read_excel() で読み込んでみる．

```
1 In [17]: pd.read_excel('data.xlsx', header=(0,1))
```

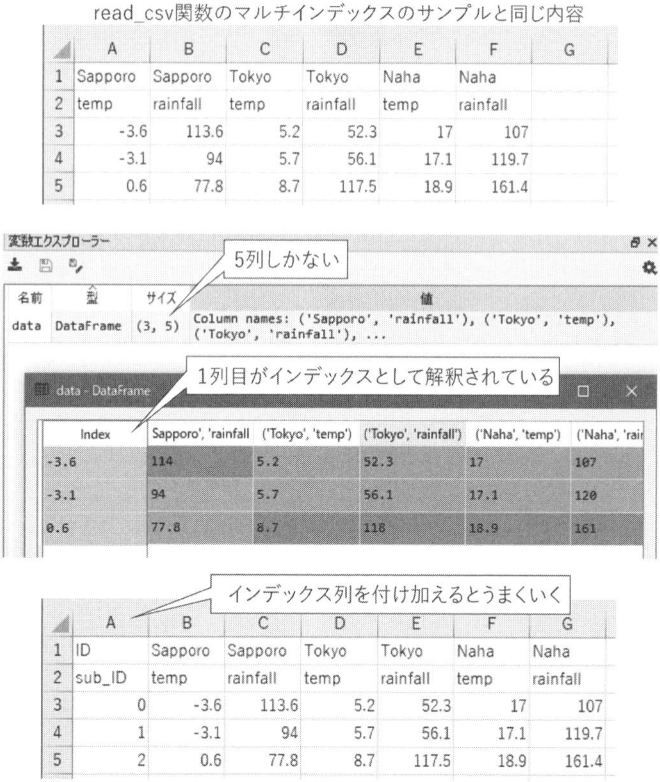

read_csv関数のマルチインデックスのサンプルと同じ内容

	A	B	C	D	E	F	G
1	Sapporo	Sapporo	Tokyo	Tokyo	Naha	Naha	
2	temp	rainfall	temp	rainfall	temp	rainfall	
3	-3.6	113.6	5.2	52.3	17	107	
4	-3.1	94	5.7	56.1	17.1	119.7	
5	0.6	77.8	8.7	117.5	18.9	161.4	

5列しかない

1列目がインデックスとして解釈されている

インデックス列を付け加えるとうまくいく

	A	B	C	D	E	F	G
1	ID	Sapporo	Sapporo	Tokyo	Tokyo	Naha	Naha
2	sub_ID	temp	rainfall	temp	rainfall	temp	rainfall
3	0	-3.6	113.6	5.2	52.3	17	107
4	1	-3.1	94	5.7	56.1	17.1	119.7
5	2	0.6	77.8	8.7	117.5	18.9	161.4

図 4.9 `read_excel()` におけるマルチインデックスの動作テスト

```
2  Out[17]:
3  Sapporo  Sapporo Tokyo        Naha
4  temp     rainfall  temp rainfall  temp rainfall
5  -3.6     113.6    5.2       52.3  17.0   107.0
6  -3.1      94.0    5.7       56.1  17.1   119.7
7   0.6      77.8    8.7      117.5  18.9   161.4
```

一見問題なく読み込めているようだが，Tokyo と Naha という見出しが 1 回しか現れていないのに Sapporo が 2 回現れているのはおかしい．変数エクスプローラーで確認すると，元の Excel ファイルの 1 行目が行インデックスと解釈されて 3 行 5 列のデータとして読み込まれていることがわかる (図 4.9 中)．この問題を回避するには，図 4.9 下のように行インデックス用の列を追加してやるとよい．

もう 1 つ紹介しておきたい相違点は，読み込む列の指定に `usecols` に加えて `parse_cols` という引数を使用できる点である．`parse_cols` に整数を指定すると，

先頭から指定した列インデックスまでの列が読み込まれる．例えば parse_cols=5 とすると，インデックス 5 は 6 列目に該当するので先頭から 6 列が読み込まれる．これに加えて，'A,B,F,K' のように Excel におけるアルファベットの列名をカンマ区切りで並べた文字列でも指定することができる．連続する列を指定する場合は 'C:F' のように連続部分の最初の列と最後の列のアルファベットを書く．'A,C:F,H' のように組み合わせることもできる．

4.4 クリップボードからデータを読み込む

Excel ブックで受け取ったデータを処理していて，ふとシートの一部分だけを Python へ読み込んで処理したくなることがあったとしよう．前節の read_excel() を使うとシートの全体を読み込んでしまうため，skiprows や skip_footer，parse_cols などを駆使して読み込みたい範囲を指定する必要がある．このような時に便利なのが pandas の read_clipboard() である．クリップボード (clipboard) とはコピーされたデータが一時的に保持される領域のことで，read_clipboard() を使うと何かのアプリケーションでコピーされたデータを読み込もうとする．

Excel からデータを読み込むには，データが入力されている範囲を選択してコピーした後，Spyder のウィンドウに移って IPython コンソールに以下のように入力する．import pandas as pd は実行済みとする．

```
In [5]: data = pd.read_clipboard()
```

これだけで Excel 上で選択してコピーしたデータが，read_excel() を使った時と同じように pandas の DataFrame オブジェクトとして変数 data に格納される．

read_clipboard() には sep という引数がある．これはデータの区切り文字を指定するもので，sep=',' とすればカンマが区切り文字となる．デフォルト値は\s+ だが，これは**正規表現 (regular expression)** と呼ばれるもので，1 つ以上の空白文字を表す．1 つ以上ということは，a␣␣b は a␣b と同じ扱いになるということである (␣は空白文字)．正規表現は非常に柔軟に文字集合を指定できるため非常に便利なのだが，本書で詳しく解説することはできないので各自で調べてほしい．

4.5 seaborn のサンプルデータセットを読み込む

seaborn には，手軽に seaborn の機能を確認できるようにサンプルのデータセットが https://github.com/mwaskom/seaborn-data のアドレスで公開されている．自分の PC にダウンロードして保存しておいてもよいが，使いたい時にインターネットを

通じて直接読み込むための load_dataset() という関数が用意されている．使用方法は，以下のように引数にデータセット名を指定するだけである．load_dataset() は内部で pandas の read_csv() を使用しているので，戻り値は pandas の DataFrame オブジェクトである．

```
1  In [2]: sns.load_dataset('attention')
2  Out[2]:
3     Unnamed: 0  subject  attention  solutions  score
4  0           0        1            divided         1    2.0
5  1           1        2            divided         1    3.0
6  2           2        3            divided         1    3.0
7  3           3        4            divided         1    5.0
8  4           4        5            divided         1    4.0
9  (以下略)
```

上記は attention というデータセットを読み込んだ例だが，1 列目が Unnamed: 0 という名前になっており，列インデックス (各列の左端) と同じ値である．これは元データの 1 列目に行インデックスが入力済みだが，誤ってデータとして読み込まれている場合に生じる．幸い load_dataset() は read_csv() へ引数を渡すことができるので，以下のように read_csv() の引数 index_col を使って 1 行目が行インデックスであると指定することができる．この「引数を渡すことができる」という仕組みについては次章で説明する (5.2 節)．

```
1  In [3]: sns.load_dataset('attention', index_col=0)
2  Out[3]:
3     subject  attention  solutions  score
4  0        1    divided          1    2.0
5  1        2    divided          1    3.0
6  2        3    divided          1    3.0
7  3        4    divided          1    5.0
8  4        5    divided          1    4.0
9  (以下略)
```

load_dataset() で利用できるデータセット名は，上記 URL にアクセスする他にも get_dataset_names() という関数を使って調べることもできる．引数は不要で，データセット名を並べた list オブジェクトが得られる．

```
1  In [4]: sns.get_dataset_names()
2  Out[4]:
3  ['anscombe',
4   'attention',
5   'brain_networks',
6  (以下省略)
```

4.5 seaborn のサンプルデータセットを読み込む

load_dataset() に引数として cache=True を渡すと，インターネットから取得したデータをファイルとして PC に保存しておき，次回からは保存されたファイルを読み込む．このファイルをキャッシュと呼ぶ．保存される場所は seaborn の utils というサブモジュールの get_data_home() で調べることができる．utils は明示的に import しなくても seaborn を import していれば読み込まれているはずである．

```
1  In [5]: sns.utils.get_data_home()
2  Out[5]: 'C:\\Users\\user\\seaborn-data'
```

保存場所を変更したい場合は，以下のように data_home という引数で保存場所のパスを指定すればよい．指定されたパスが存在しない場合，可能であれば自動的にディレクトリなどが作成される．保存されるファイル名はデータセット名に拡張子.csv を付けたもので (例えば attention.csv)，本章で読み込み方を学習してきた CSV 形式である．

```
1  In [6]: sns.load_dataset(cache=True, data_home='~/work/sample_data/')
```

5 ヘルプドキュメントを利用する

5.1 ヘルプドキュメントの表示

第3章および4章で NumPy の ndarray オブジェクト，pandas の DataFrame オブジェクトといった Python でデータ処理を行う際に重要なオブジェクトが登場したが，これらのオブジェクトは非常に多機能なので本書で詳しく解説することができない．そこで本章では，これらのオブジェクトに付属しているヘルプドキュメントを利用する方法を解説しておく．

Python の関数やクラスには一般的な，その使い方を解説したヘルプドキュメントが埋め込まれている．このヘルプドキュメントを表示するには help() という関数を使用する．例えば barplot() 関数について調べたければ以下のように help() の引数に関数名を指定する．

```
In [1]: import seaborn as sns

In [2]: help(sns.barplot)
Help on function barplot in module seaborn.categorical:
(以下略)
```

同様に，pandas の DataFrame クラスについて調べたければ，help(pd.DataFrame) とすればよい．調べたいオブジェクトがすでに変数に代入されている場合は，その変数名を help() の引数とすることもできる．

```
In [3]: x = [1 ,2 ,3]

In [4]: help(x)
Help on list object:
(以下略)
```

この方法で調べるためにはまず対象となるオブジェクトを作成する必要があるが，オブジェクトのクラス名を知っているならばクラス名を help() の引数に渡して調べることもできる．ここで「本来の」とは as を使って別名で import されたり，元のモジュー

5.1 ヘルプドキュメントの表示

図 5.1 ヘルプペインによるヘルプドキュメントの表示.

ルとは別のモジュールに import されたりした名前ではないという意味で，type() という関数を用いて調べることができる．以下の例では pandas の read_csv() で得た DataFrame オブジェクトの本来の名前を type() で調べている．

```
1  In [5]: import pandas as pd
2
3  In [6]: dataframe = pd.read_csv('data.csv')
4
5  In [7]: type(dataframe)
6  Out[7]: pandas.core.frame.DataFrame
```

戻り値より，本来の名前が pandas.core.frame.DataFrame であることがわかる．ただし import pandas as pd として pandas を import している場合は pd.core.frame.DataFrame で調べなければいけないことに注意すること．

IPython 上で help() を実際に実行してみると，大量の文章が表示されて非常に読みにくいはずである．Spyder の「ヘルプ」ペイン (標準のレイアウトでは変数エクスプローラーと同じく右上のペイン) を使用すると，読みやすくレイアウトされたヘルプドキュメントを読むことができる．ヘルプペインを使用するには，上部の「ソース」という項目が「コンソール」になっていることを確認した上で，「オブジェクト」という欄に調べたいオブジェクト [1] を入力する (図 5.1)．入力した後 Enter キーを押してしまうと入力した内容が消えてしまうので，Enter を押さずに待つこと．一瞬待たされた後にヘルプドキュメントが表示される．

なお，help() でオブジェクトを調べた場合はメソッドなどの説明もまとめて一気に表示されるが，ヘルプペインを使った場合はメソッドなどの説明は表示されない．したがって，ヘルプペインでメソッドなどの説明を読みたい場合はメソッド名まで入力する必要が

---

[1] Python では関数もオブジェクトである．

ある.具体例を挙げると,第3章で ndarray オブジェクトのメソッドの例として挙げた mean() について調べたい場合,IPython コンソール上であれば help(np.ndarray) とすれば膨大な出力の中に mean() の説明が含まれている.一方,ヘルプペインで np.ndarray と入力しても mean() の説明は表示されない.np.ndarray.mean と入力する必要がある.

ヘルプドキュメントは英語で書かれていて初学者にはなかなか手ごわいかも知れない.残念ながらパッケージによりドキュメントの書式が多少異なるので「こう読めばよい」という解説をするのは難しいのだが,メソッドのドキュメントにおいて **Definition** という項目は引数の一覧,**Parameters** は各引数の説明,**Returns** は戻り値の説明,**Notes** は補足であることを覚えておくと役に立つだろう.

メソッドのヘルプドキュメントの読み方で1つ注意しておきたいのが,調べ方によって Definition に示される第1引数が異なるという点である.pd.core.frame.DataFrame の add_suffix() という関数を例にしよう.これは,文字列を引数に与えると列名の最後に文字列を付与した新しい DataFrame オブジェクトを返す関数である.以下の例では'(2017)' という文字列を列名の最後に付けくわえている.

```
1  In [8]: dataframe.add_suffix('(2017)')
2  Out[8]:
3     month(2017)  average temperature(2017)  rainfall amount(2017)
4  0         May                       19.8                   141.6
5  1        June                       24.0                   225.4
6  (以下略)
```

(2017) が追加されている

さて,このメソッドをヘルプペインで pd.core.frame.DataFrame.add_suffix と入力して調べてみると,図5.2上のように Definition の欄には suffix という引数1つだけが表示されている.続いて IPython コンソールで help(pd.core.frame.DataFrame) と入力して DataFrame オブジェクトのヘルプを表示して,add_suffix() の説明を探してみよう.IPyhon コンソールにキー入力できる状態でキーボードの Ctrl キーを押しながら F キーを押すと文字列を検索することができるので,add_suffix という文字列を検索すれば図5.2下のような部分が見つかる.add_suffix(self, suffix) とある部分がヘルプペインでの表示における Definition に相当するのだが,こちらには self という引数が存在している.この self というのはメソッドが自分自身のデータ属性にアクセスするために存在しているもので,メソッドの実行時に Python インタプリタが用意するのでユーザーは明示的に書く必要がない.したがって,ユーザーの視点からはこの add_suffix() は引数を1つだけ持つように見える.注意が必要なのはこのメソッドの引数を間違えた時のエラーメッセージである.以下のように誤って引数を2つ与えて add_suffix() を呼ぶと,Python インタプリタは「位置引数が2

5.2 引数の展開

図 5.2　help() とヘルプペインではメソッドの第 1 引数の表示が異なる.

つのメソッドなのに 3 つ渡されている」とエラーを返す.

```
In [9]: dataframe.add_suffix('(2017)', 0)      ← 引数は 2 つ
Traceback (most recent call last):

  File "<ipython-input-30-e3a9e7480490>", line 1, in <module>
    data.add_suffix('(2017)', 0)
                                                ← 引数が 3 つあるというエラー
TypeError: add_suffix() takes 2 positional arguments but 3 were given
```

これは Python インタプリタが self を引数の個数に数えているために生じる現象である. 初心者は混乱するかも知れないので注意してほしい.

5.2　引数の展開

続いて前章で紹介した read_clipboard() のヘルプドキュメントを調べてみよう.

```
In [10]: help(pd.read_clipboard)
Help on function read_clipboard in module pandas.io.clipboards:

read_clipboard(sep='\\s+', **kwargs)
    Read text from clipboard and pass to read_table.
    See read_table for the full argument list
(以下略)
```

ヘルプドキュメントの 1 行目, read_clipboard(sep='\\s+', **kwargs) に含まれている**kwargs という引数に注目してほしい. この引数は第 2 章で「引数」の説明をした際 (p.12) にすでに登場しているのだが, 意味を理解するには dict オブジェクトの知識が必要なので解説を保留していた. dict については 3.7 節で学んだので, ここで**kwargs の解説を済ませておこう.

Python の関数には位置引数とキーワード引数があるのは 2.4 節で述べた通りである．関数の引数として list や tuple などのシーケンスに*を付けて渡すと，Python インタプリタはそのシーケンスの要素を順番に位置変数として展開する．また，引数として dict に**を付けて渡すと Python インタプリタは dict のキーを引数名と解釈してキーワード引数として展開する．具体例として，第 2 章で取り上げた seaborn の barplot() を取り上げよう．この関数の第 1 引数は x，第 2 引数は y という名前であった．以下のように変数 data_seq, data_dict を定義する．

```
1  In [6]: data_seq = (['A','B','C'], [8.7, 5.2, 0.5])
2  In [7]: data_dict = {'x':['A','B','C'], 'y':[8.7, 5.2, 0.5]}
```

この時，以下の 4 つの文はすべて同じ結果となる．

```
1  In [8]: sns.barplot(['X','Y','Z'], [8.7, 5.2, 0.5])
2  In [9]: sns.barplot(x=['X','Y','Z'], y=[8.7, 5.2, 0.5])
3  In [10]: sns.barplot(*data_seq)
4  In [11]: sns.barplot(**data_dict)
```

1 行目と 2 行目が同じ結果となるのは第 2 章で解説した通りである．3 行目は tuple に*が付いているので，data_seq の第 1 要素が第 1 引数に，第 2 要素が第 2 引数に展開される．そのため，1 行目とまったく同じ意味となる．4 行目は dict に**が付いているため，data_seq のキー'x' がキーワード引数の x，y キーがキーワード引数の y に展開される．したがって，2 行目とまったく同じ意味となるのである．

以上を踏まえて read_clipboard() のヘルプドキュメントに記されている**kwargs だが，これは関数の定義に含まれていないキーワード引数が関数に渡された時の動作を定めるものである．本来，そのようなキーワード引数が渡されると「予期しないキーワード引数が渡された」というエラーとなる．以下の例は foo() という関数に存在しないキーワード引数 z を指定した場合のエラーメッセージを示している．

```
1  In [12]: foo(z=1)
2  Traceback (most recent call last):
3  
4    File "<ipython-input-8-e2a2c4426935>", line 1, in <module>
5      foo(z=1)
6  
7  TypeError: foo() got an unexpected keyword argument 'z'
```

予期しない引数 z が渡されたというエラー

一方，関数の定義に**kwargs という引数が含まれていると，予期しない引数があってもエラーとはならず，kwargs という dict オブジェクトにまとめられた上で関数に渡される．上の例なら kwargs={'z':1}という引数が渡されたのと同じ扱いになるということだ．**による dict オブジェクトからキーワード引数への展開と逆とも言うべき動作である．

このように渡された kwargs がどう扱われるかは関数によって異なるが，read_clipboard() の場合はヘルプドキュメントに「read_table() 関数に渡される」と記されている．そこで read_table() のヘルプドキュメントを確認すると，read_csv() や read_excel() でおなじみの header や names, index_col といった引数が並んでいる．ということは，これらの引数は read_clipboard() のヘルプドキュメントに明示的に書かれていないにも関わらず read_clipboard() で使用できるのである．4.5 節で seaborn の load_dataset() が read_csv() に引数を渡すことができたのも同じ仕組みによるものだ．

この **kwargs による引数の受け取りは，様々なパッケージの関数で使用されているテクニックである．ヘルプドキュメントを自力で読んでパッケージの使い方を学んでいく上で重要なポイントなので，ぜひ覚えておいてほしい．

6 seabornでいろいろなグラフを描く

6.1 改めて seaborn の barplot() について学ぶ

ファイルからデータを読み込む方法を学び，これでようやく本格的にグラフの描き方を解説できるようになった．第2章で初めてグラフを描く時に使った barplot() を題材に，改めて seaborn パッケージの使い方を学んでいこう．本節では seaborn のサンプルデータセットから attention というデータセットを使用する．

```
In [2]: dataset = sns.load_dataset('attention', index_col=0)
```

読み込んだ後に変数エクスプローラーを確認するとわかるように，60行(60件)のデータである．subject, attention, solutions, score の4列からなっており，subject は ID 番号を表す数値，attention は focused または divided のいずれか，solutions は 1, 2, 3 のいずれかである．最後の score は浮動小数点数である．

まずは第2章と同様に引数 x と y を指定してみよう．横軸に attention，縦軸に score をとるものとする．

```
In [3]: sns.barplot(x=dataset['attention'], y=dataset['score'])
```

実行すると図6.1左に示すように，divided と focused の2本の棒がプロットされる．barplot() は，x に同じ値が複数含まれている場合，対応する y の値を平均してプロットする．attention データセットの attention の列には divided と focused の

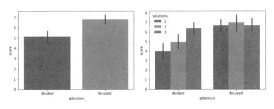

図 6.1 barplot() の使用例その1．左は x と y を指定したもの．右はさらに hue を指定したもの．

6.1 改めて seaborn の barplot() について学ぶ

表 6.1 barplot() の主な引数

x, y	横軸と縦軸に用いるデータを指定する．data が指定されている場合はデータセットの列名を使用できる．
data	使用するデータセットを指定する．
hue	グラフをカテゴリで色分けする際に使うデータを指定する．
order	横軸の値の順序を指定する．指定されなかった値はグラフにプロットされない．
hue_order	グラフの色分けに使用しているカテゴリの順序を指定する．指定されなかったカテゴリはグラフにプロットされない．
orient	グラフの向きを指定する．'v' ならば縦向き，'h' ならば横向きである．デフォルト値は None で，できる限り縦向きに描画しようとするが，不可能な場合は横向きでの描画を試みる．
ci	浮動小数点数が指定された場合はブートストラップ法で信頼区間を推定してエラーバーとして描画する．デフォルト値は 95．'sd' という文字列が指定された場合は標準偏差を描画する．None ならばエラーバーを描画しない．
capsize	エラーバーの先端に付ける線の長さを指定する．デフォルト値は None(線なし)．
errwidth	エラーバーの幅を指定する．デフォルト値は None．
errcolor	エラーバーの色を指定する．色の指定については第 9 章参照．
dodge	True ならば同じ横軸の値を持つ棒が重ならないようにずらして描画する．
ax	プロットする Axes オブジェクトを指定する．詳しくは 10.1 節で解説する．
estimator	代表値の計算方法を指定する．デフォルト値は平均値を計算する mean() という関数である．詳しくは第 12 章で解説する．

2 つの値が含まれているので，attention の列が divided である行の score の平均値と，focused である行の score の平均値が計算されたというわけである．

多くの場合，横軸と縦軸の値は同一の DataFrame オブジェクトに含まれていることが多いだろうから，上の記法では dataset という名前を 2 回入力する必要がある．それでは面倒なので，barplot() では使用する DataFrame を指定する data という引数が用意されている．data を指定した場合は，x と y に列名を文字列で指定する．以下の文を実行し，先ほどと同じ図 6.1 左のグラフが描かれることを確認してほしい．

```
In [4]: sns.barplot(x='attention', y='score', data=dataset)
```

引数 hue を指定すると，横軸の項目をさらに下位項目に分割したグラフを描くことができる．以下の例では，x に attention，hue に solutions を指定している．

```
In [5]: sns.barplot(x='attention', y='score', hue='solutions',
        data=dataset)
```

実行結果を図 6.1 右に示す．まず attention の値で大きくグループ分けされ，各グループ内でさらに solutions の値毎に平均値が計算されグラフが描画されているのがわかる．以下のように x と hue の指定を入れ替えた結果を各自で確認しておくこと．

```
In [6]: sns.barplot(x='solutions', y='score', hue='attention',
        data=dataset)
```

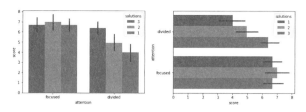

図 6.2 barplot() の使用例その 2. 左は order と hue_order を指定したもの. 右は barplot() の自動判別により orient の指定なしで横向きに描画される例.

図 6.1 右のグラフでは attention は divided, focused の順, solutions は 1, 2, 3 の順に描かれているが, この順番を指定したい場合は order, hue_order を用いて指定する. 以下の例では order の値に tuple, hue_order の値に list を用いているように, どちらでも問題なく使用できる. 描画されたグラフを図 6.2 左に示す.

```
1  In [7]: sns.barplot(x='solutions', y='score', hue='attention',
       data=dataset, order=('focused','divided'), hue_order=[3,2,1])
```

引数 orient は, 第 2 章で触れた通り 'v' なら縦向き, 'h' なら横向きにグラフを描画する. デフォルト値は None で, この場合 barplot() はまず縦向きでの描画を試みる. 指定されているデータで縦向きの描画が不可能な場合は, 横向きで描画しようとする. 図 6.2 右は, 以下のように x に score, y に attention を指定した例である. この場合, y が数値ではないので縦向きには描画できないが, x が数値なので横向きなら描画可能である.

```
1  In [8]: sns.barplot(x='score', y='attention', hue='solutions',
       data=dataset)
```

少々強引な例だが, 以下のように x, y とも attention を指定すると, Neither the 'x' nor 'y' variable appears to be numeric というエラーメッセージが返ってくる.

```
1  sns.barplot(x='attention',y='attention',data=dataset)
2  Traceback (most recent call last):
3  
4    File "<ipython-input-14-5c60877066ca>", line 1, in <module>
5      sns.barplot(x='attention',y='attention',data=dataset)
6  
7  (中略)
8  
9  ValueError: Neither the 'x' nor 'y' variable appears to be numeric.
```

x も y も数値ではないようだというエラー

さて, 続いてそれぞれの棒の先端に描かれている線に注目しよう. 本書の読者にはご存じの方が多いだろうが, これはデータの散らばりを表すもので, エラーバーと呼

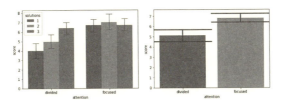

図 6.3 barplot() の使用例その 3. 左は capsize=0.1, errwidth=1.0 を指定した例. 右は capsize=1.0 を指定した例.

ばれる. barplot() のエラーバーは, 標準の設定ではブートストラップ法[*1] で推定した 95%信頼区間を示している. 引数 ci に値を指定すると, 何%の信頼区間を描くかを指定できる. 例えば ci=99 とすれば 99%信頼区間となる. 特別なオプションとして, ci='sd' と指定すると信頼区間ではなく標準偏差が描かれる.

エラーバーの両端には図 6.3 左のように短い線分が描かれることが多いが, この線分を描く場合は引数 capsize に線分の長さを指定する. 長さはグラフの各項目の幅に対する相対値で指定する. すなわち, capsize=1.0 とすると図 6.3 右のように項目の幅いっぱいの線分となる. エラーバーの線幅は errwidth で指定できる. 線幅の単位がわかりにくいが, 1.0 を指定すると画面上の 1 ピクセル (1 画素) の幅で描画される. errcolor はエラーバーの色を指定する引数だが, 色の指定については第 9 章で解説する.

これで表 6.1 に挙げた項目の大部分を説明したが, まだ dodge と ax, estimator が残っている. dodge は hue を指定してグラフを描いた時に, 下位項目の棒を重ならないようにずらして描くか否かを指定する. デフォルト値は True で, 重ならないように描画する. dodge=False は一度みなさん自身で試してみていただきたいが, barplot() ではまったく使い物にならない. 次節で取り上げる折れ線グラフを描画する時に役立つパラメータである. ax と estimator についてはまだこれらのパラメータを活用するための基礎知識を解説していないので, ax については 10.1 節, estimator については 12.4 節で取り上げる.

6.2 折れ線グラフを描く

seaborn のグラフ描画関数には共通する引数が多いので, barplot() を覚えれば他のグラフにも応用が利く. 本節では pointplot() という関数を用いて折れ線グラフを描いてみよう. 以下のように, 関数名を barplot() から pointplot() に変更する

[*1] 標本からランダムに復元抽出する作業を繰り返して母集団のパラメータなどを推定する手法.

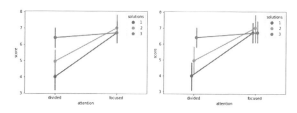

図 6.4 pointplot() の使用例その 1. 左はデフォルト引数でプロットした例. 右は dodge=True を指定した例.

表 6.2 pointplot() の引数 (表 6.1 に掲載されていないもの)

join	マーカーの間を線分で結ぶか否かを Bool 値で指定する. デフォルト値は True.
scale	マーカーの大きさと線分の太さを指定する. デフォルト値は 1.0.
linestyles	線分のスタイルを指定する. '-' で実線, ':' で点線, '--' で破線, '-.' で一点鎖点を指定できる. デフォルト値は '-' である. グラフに (hue で指定される) 複数のグループがある場合は, 各グループに適用するスタイルを並べたシーケンスを指定できる.
markers	点のマーカーを指定する.

だけである. ただし, 前節と同様に attention データセットを変数 dataset に読み込んでいるものとする.

```
In [9]: sns.pointplot(x='attention', y='score', hue='solutions',
    data=dataset)
```

図 6.4 左に出力を示す. この例では引数 x, y, hue, data を使用したが, order や ci といった引数もすべて使用できる. また, barplot() の解説では「使い物にならない」と述べた dodge に True を指定すると, 図 6.4 右のように折れ線をわずかにずらしてエラーバーが重なりにくいようにすることができる.

```
In [9]: sns.pointplot(x='attention', y='score', hue='solutions',
    data=dataset, dodge=True)
```

pointprot() では, barplot() で解説した引数の他にも表 6.2 に挙げる引数を指定することができる. join=False を指定すると, マーカー間を結ぶ線を描画しない. scale を指定すると, マーカーの大きさとマーカー間を結ぶ線分の太さを変更できる. 残念ながらすべての系列に一括で指定されるため, 特定の系列だけを太くしたりすることはできない. また, エラーバーの太さは errwidth で指定するので, scale を変更しても変化しない.

linestyles と markers を用いると, 線分を破線や点線に変更したり, マーカーを正三角形や正方形に変更したりすることができる. linestyles と markers を指定した結果を図 6.5 左に示す. この例が示すように, これらの引数ではシーケンスを使っ

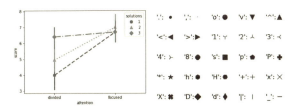

図 6.5 pointplot() の使用例その 2. 左は linestyles と markers 例. 右は markers
に指定できる値と描かれるマーカーの一覧.

て各系列で別の値を指定することができる.

```
1  In [10]: sns.pointplot('attention', 'score', hue='solutions', data=
   dataset, linestyles=['--', ':', '-.'], markers=['o', '^', 'D'])
```

linestyles に指定できる値は表 6.2 を, markers に指定できる値は図 6.5 右を参
照してほしい. 下記のようにリストではなく単独の値で指定すると, すべての系列に
適用される.

```
1  In [10]: sns.pointplot('attention', 'score', hue='solutions', data=
   dataset, linestyles='--', markers='D')
```

6.3 分布を描く

barplot() や pointplot() では自動的に平均値を計算するが, 平均値ではなくデー
タの分布を可視化したい場合もある. このような場合に用いるのが distplot() で
ある. 本節では car_crashes というデータセットを用いて使用例を示すので, 以下
のようにデータセットを読み込んでおく. データセット total, speeding, alcohol,
not_ditracted, no_previous, ins_premium, ins_losses, abbrev という列からなって
おり, abbrev のみが文字列, 残りは浮動小数点数のデータが格納されている.

```
1  In [11]: dataset = sns.load_dataset('car_crashes')
```

distplot() では, 第 1 引数に数値データのシーケンスを指定する. barplot() や
pointplot() のように data でデータセットを指定することはできない. 以下の文を
実行した例を図 6.6 左に示す. 相対度数のヒストグラムに加えて, カーネル密度推定
(kernel density estimation: KDE) の結果が曲線でプロットされている. カーネル
密度推定とは, データの確率密度関数を推定する手法の 1 つである.

```
1  In [12]: sns.distplot(dataset['alcohol'])
```

表 6.3 に distplot() の主な引数を示す. デフォルトでは displot() はヒストグ

表 6.3 distplot() の主な引数

hist	ヒストグラムを描くか否かを真偽値で指定する．デフォルト値は True．
kde	カーネル密度推定を描くか否かを真偽値で指定する．デフォルト値は True．
rug	ラグプロットを描くか否かを真偽値で指定する．デフォルト値は False．
fit	フィッティングする密度関数を指定する．デフォルト値は None．第 12 章で触れる．
hist_kws	ヒストグラムの描画オプションを指定する．seaborn.kdeplot() に渡される．デフォルト値は None．
kde_kws	カーネル密度推定の描画オプションを指定する．matplotlib.pyplot.hist() に渡される．デフォルト値は None．
rug_kws	ラグプロットの描画オプションを指定する．seaborn.rugplot() に渡される．デフォルト値は None．
fit_kws	フィッティングの描画オプションを指定する．matplotlib.axes.Axes.plot() に渡される．デフォルト値は None．
bins	ヒストグラムの階級 (bin) を指定する．整数ならば階級の個数の指定と解釈され，シーケンスならば各階級の境界値と解釈される．デフォルト値は None で，フリードマン・ダイアコニスのルールに基づいて決定される．
norm_hist	ヒストグラムを相対度数で描くか否かを真偽値で指定する．デフォルト値は False．
axlabel	横軸のラベルを指定する．デフォルト値は None で，データから系列名を得ようとする．False ならばラベルなしとなる．直接文字列を指定することもできる．
label	縦軸のラベルを文字列で指定する．
ax	第 10 章参照．

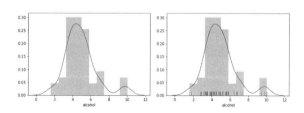

図 6.6 distplot() の使用例その 1．左はデフォルト値でプロットした例．右は rug=True を指定した例．

ラムとカーネル密度推定を描画するが，それぞれ hist，kde に False を指定することで描画しないように指定できる．rug=True とすると，図 6.6 右のラグプロットを描くことができる．さらに fit に密度関数を指定することで密度関数を当てはめることもできるが，密度関数の指定方法についてはまだ解説していない知識が必要なので，第 12 章で触れる．

これらの要素の書式を指定したい場合はそれぞれ hist_kws，kde_kws，rug_kws，fit_kws を用いる．distplot() はヒストグラムを便利に書くためのインターフェースのようなもので，実際の描画は別の関数が行っている．5.2 節で扱った pandas の read_clipboard() が read_table() を内部で呼び出していたのと同様である．カー

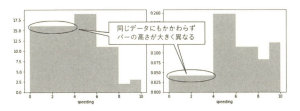

図 6.7 distplot() の使用例その 2. 左は不等間隔な階級で度数をプロットした例. 右は左のグラフに norm_hist=True を指定して相対度数で描いた例.

ネル密度推定は seaborn の kdeplot() が行っており, kde_kws を通じて引数を渡すことができる. ラグプロットは seaborn の rugplot() が行っており, rug_kws を通じて引数を渡す. kdeplot(), rugplot() の引数は, 各関数のヘルプドキュメントを参照してほしい. ヒストグラムの描画を調整する hist_kws, 当てはめ関数の描画を調整する fit_kws を指定するには, 第 9 章で紹介する色や線種の指定方法の知識が必要である.

ヒストグラムの階級 (bin と呼ばれる) の個数は, デフォルトではフリードマン・ダイアコニスのルール (データの四分位範囲 (p.79) に基づいて決定する方法) によって決定される. 自分で階級の個数を指定するには引数 bins を使用する. 正の整数で階級の個数を指定する他にも, 各階級の境界値を並べたシーケンスを指定することもできる. 例えば [0, 10, 20, 30] とすると, $0 \leq x < 10$, $10 \leq x < 20$, $20 \leq x \leq 30$ の 3 階級となる. 最後の階級だけ上限が $<$ ではなく $\leq$ である点に注意が必要である. シーケンスを使用すれば, 等間隔ではない階級を指定することも可能である.

相対度数ではなく度数でヒストグラムを描きたい場合は norm_hist=False を指定すればよいのだが, distplot() の挙動が少々複雑なので解説が必要だろう. norm_hist はデフォルト値が False なので, 本来ならば norm_hist に何も指定しなければ度数でヒストグラムが描かれるはずである. ところが, カーネル密度推定の描画が指定されている場合 (kde=True) や, 密度関数の当てはめが指定されている場合は暗黙の裡に norm_hist=True が指定されたと解釈されるのである (詳細はヘルプドキュメント参照). そして kde はデフォルト値が True なので, 結局のところ度数でヒストグラムを描くには以下のように kde=False を指定する必要がある.

```
1  In [13]: sns.distplot(dataset['alcohol'], kde=False)
```

norm_hist に関してもう 1 つ注意しておきたいのが, 等間隔ではない階級を bins で指定した場合の挙動である. norm_hist=False (かつ kde=False) であれば, 単純に各階級の度数の高さの棒が描かれる. 一方 norm_hist=True を指定すると, 棒の面積が相対度数を表すように棒の高さが決定されるため, 非常に見た目が異なるグラフ

表 6.4 jointplot() の主な引数

kind	プロットの種類を 'scatter', 'reg', 'resid', 'kde', 'hex' のいずれかで指定する．デフォルト値は 'scatter'．
size	図全体の大きさを指定する．デフォルト値は 6．
ratio	上側および右側のグラフの縦軸の高さに対する，中央のグラフの縦軸の高さを指定する．デフォルト値は 5．
space	中央のグラフと上側，右側のグラフの間隔を指定する．デフォルト値は 0.2．
xlim	中央のグラフの横軸の範囲をシーケンスで指定する．
ylim	中央のグラフの縦軸の範囲をシーケンスで指定する．
joint_kws	中央のグラフの描画関数に渡す引数を指定する．
marginal_kws	上側および右側のグラフの描画関数に渡す引数を指定する．
annot_kws	注記の描画関数に渡す引数を指定する．
stat_func	注記として表示する統計量を計算する関数を指定する．

が描かれる．図 6.7 に以下の文を実行した結果を示す．左が norm_hist=False，右が norm_hist=True の場合である．

```
1  In [14]: sns.distplot(dataset['speeding'], bins=[0,4,6,8,9,10],
      kde=False)
2  In [15]: sns.distplot(dataset['speeding'], bins=[0,4,6,8,9,10],
      kde=False, norm_hist=True)
```

6.4 二変量の分布を描く

二変量の分布を描きたい場合は jointplot() を使用する．jointplot() では，barplot() などと同様に第 1 引数 x に横軸の変数，第 2 変数 y に縦軸の変数を指定する．引数 data に DataFrame を指定することによって，x と y に DataFrame の列名を指定できる点も同様である．以下の文を実行した結果を図 6.8 左上に示す．大きく散布図が描かれ，散布図の上と右にそれぞれ横軸と縦軸の変数のヒストグラムが描かれているのがわかる．散布図の右下に小さく peasonr=0.78; p=1.1e-11 と書いてある注記 (annotation) はピアソンの相関係数と，相関係数=0 を帰無仮説とする検定の p 値である．

```
1  In [16]: sns.jointplot('alcohol', 'no_previous', data=dataset)
```

表 6.4 に jointplot() の主な引数を示す．引数 kind を指定することによって，散布図を変更することができる．図 6.8 左上に示した散布図はデフォルト値の 'scatter' の時の出力である．'reg' を指定すると，散布図に回帰直線が重ね描きされ，ヒストグラムにカーネル密度推定が描かれる (図 6.8 右上)．二次以上の関数に回帰させることもできるが，その点は後述する．'resid' を指定すると残差，すなわち回帰直線とデータの差がプロットされる．'kde' を指定すると二次元のカーネル密度推定の結果

6.4 二変量の分布を描く

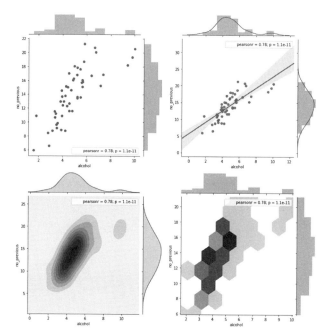

図 6.8 jointplot() の使用例その 1. 左上：デフォルト値でプロットした例. 右上：kind='reg' を指定した例. 左下：kind='kde' を指定した例. 右下：kind='hex' を指定した例.

が等高線図で描かれる (図 6.8 左下). 'hex' は Hexgonal binning と呼ばれる正六角形の領域に平面を分割し，サンプルの密度を濃淡で示したグラフを描く (図 6.8 右下).

中央のグラフと上側，右側のヒストグラムの大きさや間隔の調整を行うには size, ratio, space を指定する．表 6.4 にあるように，それぞれグラフ全体の大きさ，上側および右側のグラフの高さと中央のグラフの高さの比，上側と右側のグラフと中央のグラフの間隔に対応する．自分の手で数値を変更して描画結果を確認するのが一番わかりやすいと思われるので，各自で試してほしい．

xlim と ylim は，中央のグラフの横軸と縦軸の値の範囲の指定に用いる．例えば xlim=(0,5) とすれば横軸の範囲が 0 から 5 となる．

個々のグラフを調整したい場合は，joint_kws および marginal_kws を用いる．distplot() と同様に，jointplot() も実際のグラフ描画は別の関数を呼び出して行っている．表 6.5 に各 kind を指定した時に用いられる関数を示す．表の見出し行で joint と書かれているのは中央のグラフ，marginal と書かれているのは上側および右側のグラフのことである．例えば kind が 'scatter' の場合は joint_kws に指

表 6.5 jointplot() の kind に対応する描画関数

kind	joint に対応する関数	marginal に対応する関数
scatter	matplotlib.axes.Axes.scatter	seaborn.distplot
kde	seaborn.kdeplot	seaborn.kdeplot
reg	seaborn.regplot	seaborn.distplot
resid	seaborn.residplot	seaborn.distplot
hex	matplotlib.axes.Axes.hexbin	seaborn.distplot

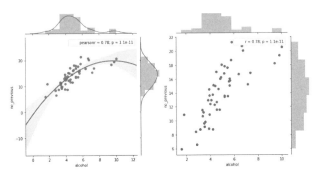

図 6.9 jointplot() の使用例その 2. 左：joint_kws を利用して二次関数によるフィッティングを行った例. 右：annot_kws を利用して注記の"pearsonr"を"r"に変更した例.

定した値は matplotlib.axes.Axes.scatter() に，marginal_kws に指定した値は seaborn の distplot() に渡されるということを示している．

先ほど kind='reg' の時に二次以上の関数で回帰することができると述べたが，これには kind='reg' に対応する regplot() の引数を利用する．regplot() の order という引数に 1 以上の整数を指定すると，指定した次数の回帰曲線が描かれる．二次関数を使用したい場合は order=2 を指定する．この order=2 という引数を jointplot() を通じて regplot() に渡すには，joint_kws に dict オブジェクトとして渡せばよいのだから，以下のように書けばよい．出力を図 6.9 左に示す．

```
1  In [17]: sns.jointplot('alcohol', 'no_previous', data=dataset,
2           kind='reg', joint_kws={'order':2})
```

annot_kws と stat_func は注記 (デフォルトで表示されている相関係数) を変更する引数だが，使いこなすには 11.4 節の文字列操作と第 12 章の NumPy，SciPy パッケージの知識が不可欠である．本節では，stat_func=None とすると注記が表示されないこと，annot_kws を通じて stat という引数を指定すると相関係数の表示の pearsonr と書かれている部分を変更できること，そして annot_kws の値は seaborn.JointGrid.annotate() という関数に渡されることの 3 点を述べるにと

6.5 多変量の分布を描く

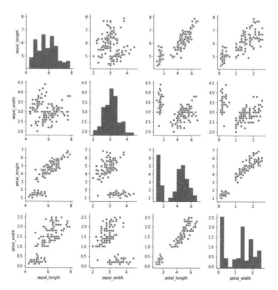

図 6.10 pairplot() の使用例その 1. すべてデフォルト値でプロットした例.

どめる．以下の例の 1 行目が注記を表示しない例，2 行目が相関係数の表示を"pearsonr=0.78"の代わりに"r=0.78"と表示する例である．2 行目の出力のみ図 6.9 右に示す．1 行目の出力は各自で確認すること．

```
In [18]: sns.jointplot('alcohol', 'no_previous', data=dataset,
    stat_func=None)
In [19]: sns.jointplot('alcohol', 'no_previous', data=dataset,
    annot_kws={'stat':'r'})
```

6.5 多変量の分布を描く

3 変数以上の分布を確認するには pairplot() を使用する．本節では iris というデータセットを使用しよう．このデータセットは sepal_length, sepal_width, petal_length, petal_width, species の 5 列からなるデータで，最後の species のみが文字列，それ以外の列は浮動小数点数である．species の値は setosa, versicolor, virginica のいずれかである．まず，load_dataset() でデータセットを変数 dataset に読み込み，pairplot() に渡してみよう．

```
In [20]: dataset = sns.load_dataset('iris')
In [21]: sns.pairplot(dataset)
```

結果を図 6.10 に示す．dataset に含まれるデータのうち，数値型である sepal_length,

表 6.6 pairplot() の主な引数

hue	カテゴリを表すデータ列を指定する.
hue_order	カテゴリの順序をシーケンスで指定する.
vars	プロットに使用するデータ列をシーケンスで指定する．デフォルト値は None で，データセットのすべての数値データの列を使用する．x_vars, y_vars という引数を用いて横軸，縦軸で異なるデータ列を使用することもできる.
kind	散布図の形式を指定する．'scatter' ならば通常の散布図，'reg' ならば散布図と回帰直線が描かれる．デフォルト値は'scatter'.
diag_kind	ヒストグラムの形式を指定する．'hist' ならば通常のヒストグラム，'kde' ならばカーネル密度推定が描かれる．デフォルト値は'hist'．なお，None を指定すると対角線上のグラフもすべて kind で指定されたグラフでプロットされる.
markers	散布図で使用するマーカーを表す文字を指定する．指定できる文字は図 6.5 右参照のこと．引数 hue を指定している場合は，マーカー指定文字を並べたシーケンスを指定することによってカテゴリ毎に異なるマーカーを指定できる.
size	図の全体的な大きさを指定する．デフォルト値は 2.5.
aspect	図のアスペクト比 (縦横比) を指定する．デフォルト値は 1.0．1.0 より大きい値を指定すると横長になる.
plot_kws	各散布図の描画関数に渡す引数を指定する．kind の値と描画関数の対応関係は jointplot() と同様である (表 6.5).
diag_kws	対角線上のヒストグラムの描画関数に渡す引数を指定する．kind の値と描画関数の対応関係は distplot() と同様である.
grid_kws	グリッドを作成する関数 (seaborn.axisgrid.PairGrid) に渡す引数を指定する.

sepal_width, petal_length, petal_width を順番に組み合わせた散布図が縦横に並べて描かれているのがわかる．このような配置をグリッド (grid) と呼ぶ．グリッドの左上から右下への対角線上にはヒストグラムが描かれている．

表 6.6 に pairplot() の主な引数を示す．本節で使用している iris データセットのようにカテゴリを表すデータ列 (すなわち species) が含まれている場合，その列を引数 hue に指定することによって散布図およびヒストグラムをカテゴリで色分けすることができる．barplot() などと同様に，hue_order でカテゴリの順序を指定できる．

グラフに使用するデータ列を選択したい場合は，使用するデータ列名を並べたシーケンスを引数 vars に指定する．並べた順番がそのままグラフに反映されるので，hue に対する hue_order のような引数は用意されていない．図 6.11 左に，以下のように hue と vars を指定した際の出力を示す.

```
1  In [22]: sns.pairplot(dataset, hue='species', vars=['sepal_width',
       'sepal_length'])
```

pairplot() は，distplot(), jointplot() と同様に，他の関数を呼び出してグラフの描画を行っている．引数 kind, diag_kind を用いると，グラフ描画関数を変更することができる．具体的には，kind='reg' を指定すると，regplot() を用いて散布図

6.5 多変量の分布を描く

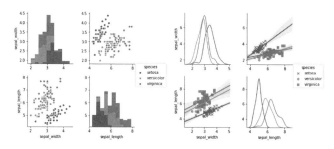

図 6.11 pairplot() の使用例その 2. 左は hue と vars を指定した例. 右はさらに kind, diag_kind を用いてグラフの種類を変更し, markers を指定した例.

の上に回帰直線が描かれる. これは jointplot() において kind='reg' を指定した場合と同じ仕組みによるものである. diag_kind に 'kde' を指定すると, distplot() において kde=True とした場合と同様に kdeplot() を用いてカーネル密度推定がプロットされる.

引数 markers を用いると, 散布図で使用されるマーカーを変更することができる. マーカーの指定方法は pointplot() と同様である (表 6.5). markers='x' のように指定するとすべてのマーカーに適用されるが, hue を用いてカテゴリ別にプロットしている際にはシーケンスを用いてカテゴリ別にマーカーを指定することも可能である. 以下に kind, diag_kind, markers を指定した例を示す. 出力は図 6.11 右の通りである.

```
1 In [23]: sns.pairplot(dataset, hue='species', vars=['sepal_width',
      'sepal_length'], kind='reg', diag_kind='kde', markers=['x','o',
      's'])
```

引数 size と aspect はそれぞれ図の全体的な大きさの調整と, 縦横比の調整を行う. いずれも特に解説すべき点はないので, 各自で適当な値を指定して結果を確認してほしい. plot_kws, diag_kws, grid_kws は, 今まで紹介してきた末尾が _kws の引数と同様に, 描画関数に名前付き引数を渡すために用いる. plot_kws は散布図, diag_kws は対角線上のヒストグラムに対応する. grid_kws は, グリッドのレイアウトを決定している seaborn.axisgrid モジュールの PairGrid というオブジェクトに引数を渡すために用意されている. この PairGrid に渡す引数を Spyder のヘルプペインで検索するには少々コツが必要である. ヘルプペインで単に sns.axisgrid.PairGrid と入力すると, 図 6.12 上のような表示となり, 引数の情報などがまったく得られない. これは, PairGrid が関数の名前ではなくクラスの名前だからである. 図 6.12 下のようにクラス名に続けて .__init__ と入力すると引数の情報を見ることができる.

__init__ とは, Python においてオブジェクトが新しく作成された時に, 必要に応

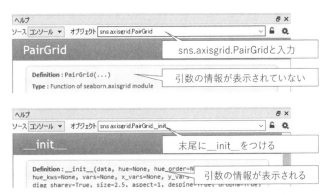

図 6.12　PairGrid の引数を help() で調べる方法．PairGrid はクラス名なので上段のように入力しても引数は表示されない．下段のように__init__() を付ける必要がある．

じてオブジェクトのデータ属性の値を定めたりするために自動的に呼び出されるメソッドである．Foo というクラスのオブジェクトを作成する際には Foo() と書くが，この時 Foo() の引数として記述した値は__init__() に引き渡される．なので，PairGrid クラスのオブジェクトを作成する PairGrid() の引数をヘルプペインで確認する際には，sns.axisgrid.PairGrid.__init__ と書かねばならないのである．

6.6　データの分布を示すその他のプロット

seaborn には distplot() の他にもデータの分布を示したい時に利用できる関数がいくつか用意されている．本節では tips というデータセットを使用する．このデータセットは total_bill, tip, sex, smoker, day, time, size の 7 列からなるデータで，sex, smoker, day, time が文字列，他の列が数値である．

boxplot() を用いると，いわゆる「箱ひげ図」を描くことができる．図 6.13 左に，以下の文を実行して横軸に day，縦軸に total_bill を指定し，smoker の値で色分けして箱ひげ図をプロットした例を示す．barplot() と同様に，引数 order，hue_order を使用して横軸や色分けの順番を指定することもできる．

```
1  In [24]: dataset = sns.load_dataset('tips')
2  In [25]: sns.boxplot(x='day', y='tip', data=dataset, hue='smoker')
```

表 6.7 に boxplot() の主な引数を示す．fliersize は外れ値を示すマーカーの大きさ，linewidth は描画に用いる線の太さの指定に用いる．notch=True を指定すると，中央値の部分がくぼんだ箱が描かれる．width を指定すると，箱の幅を変更することができる．値は各項目に割り当てられた幅に対する相対値で，1.0 にすると各項

6.6 データの分布を示すその他のプロット

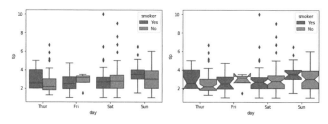

図 6.13 boxplot() の使用例．左はデフォルトの設定でプロットした例．右は width と notch を指定した例．

表 6.7 boxplot() の主な引数

fliersize	外れ値を示すマーカーの大きさを指定する．デフォルト値は 5.
linewidth	箱の輪郭線およびエラーバーの線の太さを指定する．1.0 で画面上での 1 ピクセルとなる．デフォルト値は None.
notch	True を指定すると中央値の部分がくぼんだ箱 (ノッチ) を描く．デフォルト値は False.
width	箱の幅を各項目の幅に対する比で指定する．デフォルト値は 0.8.
whis	ひげの長さを四分位範囲 (interquartile range:IQR) に対する比率で指定する．この範囲外のデータは外れ値として扱われる．デフォルト値は 1.5.

目間の箱の間の隙間がなくなる．図 6.13 右に notch=True, width=1.0 を指定した例を示す．

```
1  In [26]: sns.boxplot(x='day', y='tip', data=dataset, hue='smoker',
              width=1.0, notch=True)
```

whis は箱の上下に伸びるひげ (エラーバーのような線分) の長さの指定に用いる．第 3 四分位数と第 1 四分位数の差を四分位範囲 (interquartile range:IQR) と呼ぶが，whis の値はこの IQR に対する比で指定する．つまり，whis=1.5 ならば IQR の 1.5 倍である．ただし，計算で求められたひげの上端が最大値を上回る場合は，ひげの上端が最大値と一致するように切り詰められる．最小値についても同様である．この性質を利用すると，whis に非常に大きな値を指定すれば，ひげの上端，下端がそれぞれ最大値，最小値を指すようにすることができる．ひげの範囲外のデータは外れ値としてマーカーで示される．

stripplot() と swarmplot() はすべてのデータを点としてプロットしたグラフを描き，violinplot() と lvplot() はヒストグラムを複数並べたようなグラフを描く．図 6.13 と同じデータをそれぞれの関数でプロットした結果を図 6.14 に示す．実行した文は以下の通りである．

```
1  In [27]: sns.stripplot(x='day', y='tip', data=dataset, hue='smoker')
2  In [28]: sns.swarmplot(x='day', y='tip', data=dataset, hue='smoker')
3  In [29]: sns.violinplot(x='day', y='tip', data=dataset, hue='smoker')
```

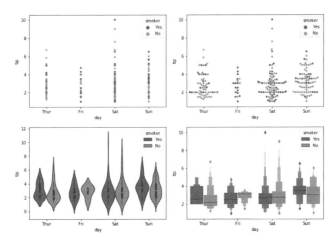

図 6.14 stripplot()(左上), swarmplot()(右上), violinplot()(左下), lvplot()(右下) のプロット例.

```
4  In [30]: sns.lvplot(x='day', y='tip', data=dataset, hue='smoker')
```

表 6.8 に,これらの関数の主なパラメータを示す.この他にも,x と y の組み合わせで自動的に縦横を判定したり orient で縦横を指定したりといった,barplot() で紹介したようなテクニックが利用できる.

6.7 カテゴリカル変数のヒストグラム,ヒートマップ

distplot() でヒストグラムを描けることはすでに述べた通りだが,distplot() はカテゴリカルな変数に使用することはできない.具体的に言うと,前節で用いた tips データセットにおいて,day の列に Thur, Fri, Sat, Sun の値がそれぞれ何件含まれているかプロットしたような場合である.このような場合は countplot() を用いる.countplot() を使うには,以下のように引数 x にデータセットの列を指定する.引数 hue を用いると,day の値毎に smoker の値の件数をプロットするといったことも可能である.

```
1  In [24]: dataset = sns.load_dataset('tips')
2  In [25]: sns.countplot(x='day' data=dataset)
3  In [26]: sns.countplot(y='day' data=dataset, hue='smoker')
```

countplot() のヘルプドキュメントには (色の設定に関するものは除いて)order, hue_order, orient, dodge といった引数が挙げられているが,これらは barplot() と基本的に同一なので表 6.1 (p.65) などを参考にしてほしい.

表 6.8 stripplot(), swarmplot(), violinplot(), lvplot() の主な引数

stripplot	
jitter	データの点を左右に (横方向のプロットの場合は上下に) ずらす量を浮動小数点数で指定する．True を指定すると自動的にズレの大きさが決定される．デフォルト値は False で，ズレの量は 0 となる．
split	True を指定すると，hue で指定されたカテゴリ毎に分離してプロットする．pointplot() で紹介した dodge と同じ働きをする．
swarmplot	
split	stripplot() と同じ．
violinplot	
bw	カーネルのバンド幅の決定方法として'scott'，'silverman' を指定するか，直接的に浮動小数点数で指定する．デフォルト値は'scott'．
cut	バイオリン (カーネル曲線を 2 つ組み合わせた様子がバイオリンの形状のように見えるのでこう呼ばれる) をどこまで描くかをバンド幅に対する比で指定する．0 を指定するとデータの最小値から最大値まででカットされる．デフォルト値は 2.
width	各項目の幅に対する図形の幅を指定する．デフォルト値は 0.8．
inner	曲線の内側にデータを描く方法を'box'(箱ひげ図)，'quartile'(四分位数の位置に破線)，'point'(すべてのデータを点でプロット)，'stick'(すべてのデータを線分でプロット) で指定する．None を指定すると何も描画しない．デフォルト値は'box'．
scale	バイオリンの横幅の決定方法を'area'，'count'，'width' のいずれかで指定する．デフォルト値は'area'．
split	hue で指定されるカテゴリが 2 種類である場合に True を指定すると，両カテゴリを合わせてバイオリンを描く．
lvplot	
width	各項目の幅に対する図形の幅を指定する．デフォルト値は 0.8．
k_depth	ボックス数と大きさを決定する方法を'proportion'，'tukey'，'trustworthy' のいずれかで指定する．デフォルト値は'proportion'．
scale	ボックスの横幅の決定方法を'linear'，'exponential'，'area' のいずれかで指定する．デフォルト値は'exponential'．
outlier_prop	外れ値として扱われるデータの比率を 0.0 から 1.0 の値で指定する．デフォルト値は None で，0.007 に設定される．

heatmap() は，行列のように二次元に並んだ数値データからヒートマップを描く．ヒートマップとは，図 6.15 のように数値を色の色相や明度などの違いとして画像化したものである．残念ながら seaborn のサンプルデータセットにはそのままでヒートマップに適したものがないので，ここでは flights というデータセットを加工して用いることにしよう．flights は図 6.16 左のように year, month, passengers の 3 列のデータからなるデータセットである．対して，heatmap() が利用できるのは図 6.16 右のように並んだデータである．

データの加工について解説していないので，一体どのようにすれば図 6.16 右のようなデータを作ることができるのかと思われるかも知れないが，実は pandas の DataFrame

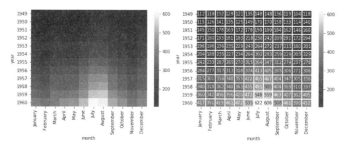

図 6.15 heatmap() のプロット例. 左はデフォルトの引数でプロットしたもの. 右は linewidth, annot, fmt を指定した例.

	year	month	passengers
0	1949	January	112
1	1949	February	118
2	1949	March	132
3	1949	April	129
4	1949	May	121
5	1949	June	135
6	1949	July	148
7	1949	August	148
8	1949	September	136
9	1949	October	119
10	1949	November	104
11	1949	December	118
12	1950	January	115
13	1950	February	126
14	1950	March	141
15	1950	April	135
16	1950	May	125
17	1950	June	149

month year	January	February	March	April	May	June	July	August	September \
1949	112	118	132	129	121	135	148	148	136
1950	115	126	141	135	125	149	170	170	158
1951	145	150	178	163	172	178	199	199	184
1952	171	180	193	181	183	218	230	242	209
1953	196	196	236	235	229	243	264	272	237
1954	204	188	235	227	234	264	302	293	259
1955	242	233	267	269	270	315	364	347	312
1956	284	277	317	313	318	374	413	405	355
1957	315	301	356	348	355	422	465	467	404
1958	340	318	362	348	363	435	491	505	404
1959	360	342	406	396	420	472	548	559	463
1960	417	391	419	461	472	535	622	606	508

month year	October	November	December
1949	119	104	118
1950	133	114	140

図 6.16 flights データセットの内容 (左) と heatmap() で必要となるデータ形式.

オブジェクトの pivot() を用いると以下の例の 2 行目のように一文で書ける. 第 1 引数 (index) に行インデックスとなる値, 第 2 引数 (columns) に列名となる値, 第 3 引数 (values) に並び替える値を指定する.

```
In [27]: dataset = sns.load_dataset('flights')
In [28]: heatmap_data = dataset.pivot('year', 'month', 'passengers')
```

この heatmap_data を heatmap() の第 1 引数に指定すると, 先に挙げた図 6.15 左のグラフが描ける.

```
In [29]: sns.heatmap(heatmap_data)
```

表 6.9 に heatmap() の主な引数を示す. ヒートマップの右側にはデータの値と色の関係を示すスケールが描かれているが, この下端と上端の値はデフォルトではデータの最小値と最大値から決定される. 下端と上端を直接指定したい場合は引数 vmin, vmax を使用する. vmin, vmax を指定せずに robust=True を指定すると, 2 パーセンタイルと 98 パーセンタイルに基づいて下端と上端が決定されるので, 外れ値がある時に有効である.

annot=True を指定すると, ヒートマップの各セルに値を表示することができる. デフォルトでは数値に応じて小数表示と指数表示 (3.3 節) を自動的に切り替えるが, 引数 fmt を指定すると書式を変更することができる. 書式指定の方法については 11.4

表 6.9 heatmap() の主な引数

vmin	ヒートマップの下限値を指定する．これより低い値はヒートマップの右に描かれたスケールの下端の色で示される．デフォルト値は None でデータの最小値が使用される．
vmax	ヒートマップの上限値を指定する．これより高い値はヒートマップの右に描かれたスケールの上端の色で示される．デフォルト値は None でデータの最大値が使用される．
robust	vmin, vmax が None の時にこの値が True であれば，下限と上限を 2 パーセンタイルと 98 パーセンタイルとする．デフォルト値は False．
annot	True ならばヒートマップの各セルに値を表示する．デフォルト値は False．
fmt	各セルに表示する値の書式を指定する．デフォルト値は '.2g' で，桁に応じて小数表記または指数表記になる．指定方法については 11.4 節参照．
linewidths	各セルを区切る線の幅を指定する．デフォルト値は 0 で，線が描画されない．
cbar	True ならばヒートマップの右側のスケールを描画する．デフォルト値は True．
xticklabels	横軸の目盛ラベルを指定する．デフォルト値は auto でデータから自動的に決定される．False ならばラベルを描画しない．シーケンスで指定することもできる．
yticklabels	縦軸の目盛ラベルを指定する．xticklabels と同様である．
mask	True または False をデータと同じ形に並べたものを指定すると，False にあたるセルは描画されなくなる．デフォルト値は None で，欠損値以外はすべて描画される．

節で解説する．linewidth に 0 より大きい値を指定すると，各セルの間に線を引くことができる．デフォルトでは線の色は白なので，セル同士の間に隙間があるような出力となる．図 6.15 の右は以下のように linewidth, annot, fmt を指定した例である．

```
1  In [30]: sns.heatmap(heatmap_data, linewidth=1.0, annot=True,
       fmt='d')
```

右のスケールを描画したくない場合は，cbar=False を指定する．横軸および縦軸の目盛ラベル，すなわち各行の左端および各列の下端に付けられたラベルを描画したくない場合は xticklabels, yticklabels に False を指定する．xticklabels, yticklabels にラベルとして表示したい値を並べたシーケンスを指定することもできる．データの行数，列数と一致しない要素数を指定してもエラーとならないので注意する必要がある．

セルの一部を意図的に描画したくない場合は，データと同じ行数および列数に True と False を並べた行列を用意して引数 mask に指定する．このようにすると，False に相当するセルが描画されない．セル数が多い場合にこのような行列を手作業で用意するのは現実的ではないので，第 7 章で紹介する制御文や，12.2 節で紹介する不等式を使う方法などを利用するとよいだろう．

7 グラフでの日本語表示と Python の制御文

7.1 seaborn と matplotlib

前章で seaborn で描くことができるグラフを一通り解説したが，未解説のことがまだまだたくさんあるので順番に解説していこう．本章では，seaborn のグラフに日本語の文字を含む軸ラベルなどを表示する際の問題を扱う．すでに試した読者もおられるかも知れないが，残念ながら現在のバージョンの seaborn では標準の設定で日本語を表示することはできない．試しに以下の CSV データをプロットしてみよう．

```
1  グループ,得点
2  実験群,7.2
3  実験群,8.5
4  統制群,2.6
5  統制群,2.2
```

この内容を jp_data.csv の名前で保存し，以下の手順でプロットする．

```
1  In [1]: import pandas as pd
2  In [2]: import seaborn as sns
3  In [3]: data = pd.read_csv('jp_data.csv')
4  In [4]: sns.barplot(x='グループ', y='得点', data=data)
```

出力例を図 7.1 に示す．特にエラーメッセージは表示されないが，グラフの軸ラベルなどの日本語の部分が白い四角形 (しばしば「豆腐」と呼ばれる) で表示されている．これはグラフの描画に使用しているフォント (文字の形をおさめたデータセット) が日本語に対応していないことが原因である．日本語に対応したフォントを設定するためには，matplotlib というパッケージのことを知っておく必要がある．

matplotlib は，seaborn がグラフを描く時に利用しているパッケージである．一口に「グラフを描く」といっても，コンピューターの画面上にグラフを描くのとプリンターに出力するのでは，描画のために必要な処理にはかなりの違いがある．さらに言えばコンピューターといっても Microsoft Windows や Macintosh などシステムが異なればやはり処理内容が異なる．matplotlib を使えば，こういった出力先の違いを意

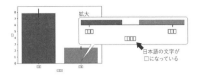

図 7.1 日本語を含むグラフのプロット例. 本来日本語の文字が表示されるべき部分に白い四角形が表示されている.

図 7.2 seaborn と matplotlib の関係

識せずに，共通のコードでグラフを描くことができる．個々の出力先へ対応する部分はバックエンドと呼ばれており，バックエンドを切り替えることによって matplotlib は様々な出力先に対応している．

　matplotlib は非常に便利なパッケージだが，標準では軸ラベルなどがないシンプルなグラフしか描画してくれないため，軸ラベルを付けたりタイトルを付けたりして体裁を整えるには自分でそのための処理を書かねばならない．seaborn はこの点を補うものである．seaborn のグラフ描画関数はグラフの体裁を整えるための matplotlib のコードを取りまとめたものであり，引数で指定された設定に従って適切な matplotlib のコードを実行してくれる．このように他のパッケージを利用しやすくするように作られたパッケージをラッパー (wrapper) と呼ぶ．プレゼントなどの包装をラッピング (wrapping) と呼ぶが，同じ語源である．

　ラッパーは中身がどのような仕組みになっているか知らなくても使えるのが理想だが，細かい設定を変更したい場合は残念ながら中身を直接操作する必要があることが多い．seaborn と matplotlib の関係についても同様で，seaborn を使いこなそうとするなら matplotlib についてもある程度知っておかなければならない．本章では，グラフに日本語を表示できるようにするために matplotlib の設定を変更する方法を解説する．

7.2　matplotlib の設定を調べる

　matplotlib は seaborn と同じく Python のパッケージなので，利用する前に import

する．matplotlib の公式ドキュメントでは mpl という名前で import しているので，本書でもそれに従う．

```
1  In [1]: import matplotlib as mpl
```

matplotlib の設定は，mpl.rcParams という変数に設定されている．IPython コンソールで以下のようにタイプすると内容を確認することができる．

```
1  In [2]: mpl.rcParams
2  Out[2]:
3  RcParams({'_internal.classic_mode': False,
4           'agg.path.chunksize': 0,
5           'animation.avconv_args': [],
6           'animation.avconv_path': 'avconv',
7           'animation.bitrate': -1,
8           'animation.codec': 'h264',
9  (以下省略)
```

フォントに関する設定項目はいくつかあるが，重要なのは font.family というものである．標準ではこの項目は ['sans-serif'] という値が設定されている．sans serif とは装飾 (serif) がない欧文フォントという意味で，font family が sans serif ということは，装飾がない欧文フォントが使用されるという意味である．では装飾がない欧文フォントとは具体的に何かというと，font.sans-serif という項目に設定されている．特定の項目だけを確認するには，以下のように [] 演算子を使うことができる．

```
1  In [3]: mpl.rcParams['font.sans-serif']
2  Out[3]:
3  ['DejaVu Sans', 'Bitstream Vera Sans', 'Computer Modern Sans Serif',
      'Lucida Grande', 'Verdana', 'Geneva', 'Lucid', 'Arial',
      'Helvetica','Avant Garde', 'sans-serif']
```

matplotlib はここに挙げられたフォントの中から現在の実行環境で利用できるものを使用する．ここで見つかったフォントが日本語の文字の字体データを含んでいなければ，図 7.1 の「豆腐」が表示されてしまうというわけである．

seaborn のグラフで日本語を表示できるようにするためには，matplotlib で日本語に対応したフォントを使うように指定しなければならない．matplotlib で使用できるフォントは，matplotlib.font_manager というモジュールによって管理されている．font_manager の findSystemFonts() という関数を使用すると，利用できるフォントの一覧を得ることができる．ただし，試してみるとわかるが，フォントデータが格納されたファイルの名前がずらずらと大量に表示されて非常に見づらい．フォントがたくさん付属しているアプリケーションがインストールされている PC では 1000 以上もの名前が表示されることすらある．

7.3 for 文を使って繰り返し作業を自動化する

```
1  In [4]: import matplotlib.font_manager as font_manager
2
3  In [5]: font_files = font_manager.findSystemFonts()
```

問題はこの大量のフォントファイルから日本語を表示できるものを探す方法だが，フォントファイル名だけではどのようなフォントなのか判断しづらい．そこで便利なのが font_manager の FontProperties クラスである．以下のように FontProperties オブジェクトを作成すると，get_name(), get_family() といったメソッドでフォントの名前やフォントファミリーを得ることができる．

```
1  In [6]: font_prop = font_manager.FontProperties(fname='C:/Windows/
       Fonts/yumin.ttf')
2
3  In [7]: font_prop.get_name()
4  Out[7]: 'Yu Mincho'
5
6  In [8]: font_prop.get_family()
7  Out[8]: ['sans-serif']
```

この例は Microsoft Windows10 での実行例で，C:/Windows/Fonts/yumin.ttf というフォントファイルに格納されているフォントの名前が Yu Mincho であることがわかる．游明朝という日本語を表示可能なフォントがあることを知っていれば，このフォントファイルで日本語を表示できることがわかる [*1]．

さて，FontProperties オブジェクトのおかげで多少状況は改善されたが，それでも膨大な数のフォントファイルに対して FontProperties オブジェクトを手作業で作成するのは現実的ではない．こういった「作業の繰り返し」は人間よりもコンピューターが得意とするところなので，次節にてコンピューターに任せる方法を学ぼう．

7.3 for 文を使って繰り返し作業を自動化する

前節では，font_files という変数に利用可能なフォントファイルの一覧を格納したリストを代入した．このリストの各項目に対して順番に FontProperties オブジェクトを作成して get_names() で名前を得たい．このような作業を Python で行わせる時に便利なのが for 文である．まず，Spyder の IPython コンソールに以下のように入力して Enter キーを押す．最後のコロン (:) を忘れるミスが多いので注意すること (忘れるとエラーとなる)．

```
1  In [9]: for file_name in font_files:
```

[*1] 7.8 節で触れるフォント管理ツールを使うとフォントを実際に確認しながら探すことができるが，次節では for 文の学習のために敢えて使用しない．

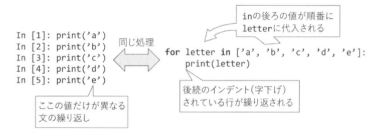

図 7.3　for 文による繰り返し．左側の 5 行のコードと右側の for 文は同じ働きをする．

すると，以下のように次の行に...:と表示され，さらに次の行に半角スペースが 4 文字入力された状態となる．

```
In [9]: for file_name in font_files:
   ...:           ←── 半角スペース 4 文字入力済みになっている
```

...:は 2.2 節 (p.11) で触れたように，Python の文が継続していることを意味している．続けて以下のように入力する．行頭の半角スペース 4 文字はそのままにしておき，余計なスペースは追加しないこと．

```
In [9]: for file_name in font_filess:
   ...:     font_prop = font_manager.FontProperties(fname=file_name)
   ...:     font_name = font_prop.get_name()
   ...:     print(file_name, font_name)
   ...:
```

入力が終わったら Shift キーを押しながら Enter キーを押すか，最後の 5 行目で何も入力せずに Enter キーを押すと文が実行され，次々とフォント名が表示されるはずである．最終行の print() は値を書き出す関数で，具体的には file_name と font_name の値を IPython コンソールに書き出す．for 文そのものは import 文などと同様に値を返さないため，print() を使わなければ実行しても何も表示されない．なお，Macintosh を使用している人はインストールされているフォントの問題でエラーとなる場合があるが，この点については次節で触れるのでとりあえず読み進めてほしい．

図 7.3 に for 文の働きを示す．for 文は「for A in B: 文」という形をとり，「B から順番に要素を取り出して変数 A に代入し，:に続く文を実行する」という作業を B からすべての要素を取り出すまで繰り返す．図 7.3 の例では，B の位置に ['a','b','c','d','e'] というリストが置かれているので，まず先頭の'a'が取り出される．そして A の位置に書かれた変数 letter に代入される．続いて:に続く文が実行されるが，:の直後で改行されている場合は後続のインデント (字下げ) が行われている行が対象となる．複数の行がインデントされている場合は，それらの行がまとめて対象となる．これを**複文**，

ブロックなどと呼ぶ．図 7.3 の例では print(letter) が繰り返し対象の文である．先ほど letter には'a' を代入したのだから，print(letter) の結果として'a' が出力される．これ以上インデントされた行が存在しないので再び for が書かれた行に戻り，'a' の次の'b' が取り出されて letter に代入される．なので次の print(letter) では'b' が出力される．この調子で文を繰り返し実行して，最後に'e' を print(letter) で出力した後，もう取り出せるものがなくなってしまうのでここで for 文の実行は終了する．for 文のように他の文を実行する順序をコントロールする文を制御文 (**control statements**) と呼ぶ．

先ほどのフォント名を出力する例では，2 行目から 4 行目が同じ量だけインデントされているため，一回の繰り返しで 2 行目から 4 行目が実行される．このように Python の文法では，インデントの量でブロックの範囲を示す．他の言語では end のような特別な語でブロックの終わりを示したり，{ } でブロックとしたい文を囲むことが多いので，他の言語を知っている人ほど戸惑うかも知れない．以下のように 2 行目，3 行目より 4 行目のインデントが多いと，以下のように Python インタプリタは「予期しないインデントだ」とエラーメッセージを返してくる．

```
1  In [10]: for file_name in font_files:
2     ...:     font_prop = font_manager.FontProperties(fname=file_name)
3     ...:     font_name = font_prop.get_name()
4     ...:      print(file_name, font_name)
5    File "<ipython-input-6-2de0e1c98b05>", line 4
6      print(file_name, font_name)
7      ^
8  IndentationError: unexpected indent
```

この例を実際に IPython コンソールで実行してみる人のために補足しておくと，2.2 節で述べた通り IPython コンソールではカーソルキーの上下を押して過去に入力した文を呼び出して修正できるのだが (p.10)，複数行にわたる文を修正した後に実行する際には最後の行の行末にカーソルを移動させてから Enter キーを押すか，Shift キーを押しながら Enter キーを押す必要がある．カーソルキーを最後の行へ動かすためにカーソルキーの下を押していくと，うっかり過去に入力した文へ戻ってしまう恐れがあるので，筆者としては「Shift キーを押しながら Enter キーを押す」方法をお勧めしたい．万一カーソルキーの上下を押しすぎて入力途中のものが消えてしまっても，反対 (上を押して消えたなら下，下なら上) のキーを押していけば戻れるので落ち着いて作業してほしい．

さて，逆に 4 行目のインデントが少ない場合もエラーとなるが，以下に示すように最後に出力されているエラーメッセージがやや異なる．

```
1  In [11]: for file_name in font_files:
```

```
2   ...:         font_prop = font_manager.FontProperties(fname=file_name)
3   ...:         font_name = font_prop.get_name()
4   ...:       print(file_name, font_name)
5   File "<tokenize>", line 4
6       print(file_name, font_name)
7       ^
8   IndentationError: unindent does not match any outer indentation level
```

このエラーメッセージについて解説するには，複数の制御構文を組み合わせる処理を例として挙げなければならない．ひとまず保留しておいて，フォントファイルの処理の話に戻ることにしよう．

7.4　if 文を使って処理を振り分ける

前節に述べたように，Macintosh で作業している人の中には，ここまでの for 文の例が以下のようなエラーメッセージとともに止まってしまうという人もいるはずである．

```
1   Traceback (most recent call last):
2
3     File "<ipython-input-11-6c4b02929ff6>", line 3, in <module>
4       font_name = font_prop.get_name()
5
6     File "/Users/user/anaconda3/lib/python3.6/site-packages/matplotlib/
          font_manager.py", line 735, in get_name
7       return get_font(findfont(self)).family_name
8
9   RuntimeError: In FT2Font: Could not set the fontsize
```

このエラーは，本書で今まで紹介してきたエラーと比較して非常に解釈が難しい．とりあえず最終行を見ると In FT2Font: Could not set the fontsize とあるが，実行したコードではフォントサイズの設定などしていない．結論から言うと，これは実行した文に誤りがあったことが原因ではなく，Macintosh にインストールされているフォントの中に標準的なフォントファイルの規格に合わないものが含まれていることが原因である．筆者が確認した範囲では，NISC18030.ttf と Apple Color Emoji.ttf というファイルがこの問題のため get_name() で読み込むことができない．したがって，このエラーを回避するには NISC18030.ttf と Apple Color Emoji.ttf に対して get_name() を実行しないようにするしかない．

このように，状況に応じてある処理を行うか，行わないかを切り替える時には，if 文という制御構文を使う．以下に簡単な if 文の例を示す．

コード 7.1　最も単純な if 文
```
1   In [12]: if 'NISC18030' in file_name:
```

```
2        ...:         print('NISC18030 という文字列を含んでいます')
```

if 文は「if C: 文」の形をとり，C を評価した結果が True ならば:に続く文を実行する．C のことを条件式と呼ぶ．for 文と同様，:の直後に改行してインデントされた複数の行を書くと，それらの行がまとめて対象となる．この例では C にあたる式は 'NISC18030' in file_name である．in 演算子は 3.7 節で dict オブジェクトがキーを含んでいるかを判定する時に使用したが (p.29)，文字列に使用すると，in の左に書かれた文字列が右に書かれた文字列の中に含まれていれば True，いなければ False が得られる．したがって，'NISC18030' という文字列が file_name という文字列に含まれていれば式は True となり，2 行目が実行される．

コード 7.1 の例では，条件式が False であった場合は何も実行されない．条件式が False であった時だけに実行させたい処理がある場合は，続けて else というキーワードを用いる．以下に例を示す．

コード 7.2　else を伴う if 文

```
1   In [13]: if 'NISC18030' in file_name:
2        ...:         print('NISC18030 という文字列を含んでいます')
3        ...: else:
4        ...:         print('NISC18030 という文字列を含んでいません')
```

else の行は対となる if の行と同じインデントでなければならない．そして，else の後に:を置いて，続けて条件式が False であった場合に実行する文を書く．改行してインデントすれば複数の行にわたって処理を書くことができる．

さらに，複数の条件式で処理を 3 通り以上に分岐させたい場合は，elif というキーワードを用いる．elif は else + if の省略形だと思えばよい．以下の例では，1 行目でまず font_name に 'NISC18030' という文字列が含まれているかを判定する．もし含まれていなければ，3 行目に進んで font_name に 'Apple Color Emoji' という文字列が含まれているかを判定する．こちらも含まれていなければ，5 行目の else へ進む．

コード 7.3　elif を伴う if 文

```
1   In [14]: if 'NISC18030' in file_name:
2        ...:         print('NISC18030 という文字列を含んでいます')
3        ...: elif 'Apple Color Emoji' in file_name:
4        ...:         print('Apple Color Emoji という文字列を含んでいます')
5        ...: else:
6        ...:         print('NISC18030 も Emoji も含んでいません')
```

elif は複数個続けて用いることができる．いずれの条件式にも当てはまらなかった時に行う処理がなければ，最後の else は省略することができる．

この if 文を利用すれば，厄介な get_name() のエラーを回避することができそうだ．

次節では，if 文を 7.3 節の処理に組み込んでみよう．

7.5 複数の制御文を組み合わせて使用する

7.3 節で作成した，フォント名一覧を出力する for 文をもう一度見てみよう．

コード 7.4　フォントファイル一覧からフォント名を得る
```
In [9]: for file_name in font_filess:
   ...:     font_prop = font_manager.FontProperties(fname=file_name)
   ...:     font_name = font_prop.get_name()
   ...:     print(file_name, font_name)
   ...:
```

フォントが NISC18030.ttf と Apple Color Emoji.ttf であった時に，3 行目の get_name() を実行したらエラーとなるのだった．それならば，2 行目の時点で file_name に'NISC18030' か'Apple Color Emoji' が含まれている場合は，それ以降の処理を行わずに次のファイルへ進めばよいだろう．if 文の出番である．

条件式は，どちらかの文字列が file_name に含まれていたら True となればいいのだから，論理演算子 or が使える (表 3.3, p.30)．具体的には以下のように書けばよい[2]．

```
'NISC18030' in file_name or 'Apple Color Emoji' in file_name
```

問題はこの条件に合致した時にフォント名の読み取りを飛ばして次のファイルへ進むにはどうすればいいかである．いくつか方法があるが，本節ではこのような時に便利な break 文と continue 文の使い方を解説しよう．break と continue は for 文によって繰り返されるブロック内で使用する文で，break が実行されると for 文が直ちに中断される．continue 文が実行されると，現在のブロックの実行が中断されて直ちに次の繰り返しに移る．

break は条件に合致するものを見つけたらそれ以上処理する必要がない場合に，continue は条件に合致するものだけは処理する必要がない場合に便利である．今回は「フォントファイル名に'NISC18030' か'Apple Color Emoji' が含まれている」という条件に合致するものだけは処理しないのだから，以下のように continue を使うとうまくいく．

```
if 'NISC18030' in file_name or 'Apple Color Emoji' in file_name:
    continue
```

---

[2] 前節で解説した elif を用いてもよいが，どちらの文字列が含まれていても行う処理は同じなので eilf を用いる必要がない．or を使った方が入力する文字数は少なく済む．

7.5 複数の制御文を組み合わせて使用する

この if 文をコード 7.4 の 2 行目に挿入すると，以下のコード 7.5 を得る．挿入する位置は 1 行目から始まる for 文のブロックの中なので，インデントする必要があることに注意してほしい．

コード 7.5 問題があるフォントファイルを避けて実行する
```
1  In [17]: for file_name in font_files:
2     ...:     if 'NISC18030' in file_name or 'Apple Color Emoji' in file_name:
3     ...:         continue
4     ...:     font_prop = font_manager.FontProperties(fname=file_name)
5     ...:     font_name = font_prop.get_name()
6     ...:     print(file_name, font_name)
7     ...:
```

Windows での実行結果を以下に示す．

```
1  c:\windows\fonts\cambriab.ttf Cambria
2  c:\windows\fonts\fradm.ttf Franklin Gothic Demi
3  c:\windows\fonts\itckrist.ttf Kristen ITC
4  C:\WINDOWS\Fonts\verdanai.ttf Verdana
5  C:\WINDOWS\Fonts\LTYPEB.TTF Lucida Sans Typewriter
6  (以下略)
```

Macintosh では以下のような出力となる．

```
1  /Library/Fonts/Georgia Bold.ttf Georgia
2  /Library/Fonts/Verdana Bold Italic.ttf Verdana
3  /Library/Fonts/Wingdings 3.ttf Wingdings 3
4  /Library/Fonts/WeibeiTC-Bold.otf Weibei TC
5  /System/Library/Fonts/SFNSText-RegularItalic.otf System Font
6  (以下略)
```

これで問題があるファイル名の時は get_name() を行わないようにすることができた．Macintosh でコード 7.4 が実行できなかった人も，これで実行できるようになったはずである [*3]．逆にコード 7.4 でも問題なかったという人は，2 行目の条件式の文字列を 'Mincho' や 'Gothic' などにして効果を確認してほしい．

さて，ここまで解説した時点でようやく 7.3 節の最後で保留していた unindent does not match any outer indentation level というエラーメッセージの意味を説明する準備が整った．図 7.4 上はコード 7.5 を Python インタプリタが解釈する時の様子を示している．1 行目に for があり (①とする)，2 行目がインデントされているため，Python インタプリタは 2 行目以降は 1 行目の for に伴うブロックと解釈する．そして 2 行目において，まだ for に伴うブロックが終わっていない状態で if が出現する

[*3] これでもまだ get_name() がエラーとなる場合は次節 (7.6 節) を参照のこと．

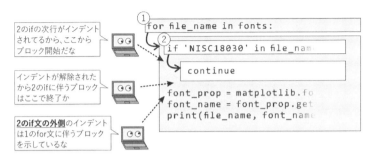

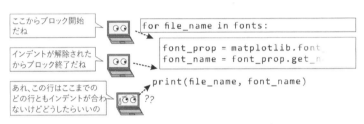

図 7.4　インデントによるネスティングの解釈

(②とする).ifに続く3行目がさらにインデントされているので,Pythonインタプリタは①のforに伴うブロックの「内側」に新たに②のifに伴うブロックが始まったと解釈する.さらに4行目に進むと,インデントが3行目より浅くなっているため,ここでPythonインタプリタは②のif文に伴うブロックは3行目で終了してしまったと解釈するのだが,問題は4行目の扱いである.①のforに伴うブロックはまだ継続しているため,4行目は①のforに伴うブロックの続きかも知れないし,ここで一気に①のforに伴うブロックも終わるのかも知れない.この問題を解決するのが4行目のインデントである.現在継続中のブロックを「外側へ向かって」順番に辿っていって,インデントが一致するブロックを見つけたらそのブロックの続きであると解釈するのである.4行目のインデントは①のforに伴うブロックのインデントと一致するので,この行は①のforに伴うブロックの続きと見なされる.

図 7.4 下は 7.3 節の unindent does not match any outer indentation level というエラーメッセージが返された文だが,同じように解釈していくと4行目のインデントと一致する「外側」のブロックが存在しない.こうなるとPythonインタプリタには4行目が解釈できなくなってしまうためにエラーとなるというわけである.

さて,ずいぶん解説が長くなってしまったが,日本語を表示できそうなフォントは見つかっただろうか.よいフォントが見つかれば,その名前を rcParams の font.family に指定することでグラフの描画に使用できる.以下の例では Windows10 で標準イン

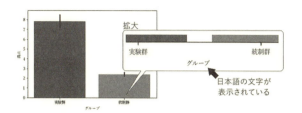

図 7.5 日本語対応したフォントを指定した後に図 7.1 と同じデータをプロットした例.

ストールされている'Yu Mincho' という名前のフォントを指定している.

```
1  In [18]: mpl.rcParams['font.family'] = 'Yu Mincho'
```

Macintosh の人でどのフォントを使ったらいいかわからない人はとりあえず'YuGothic' を試してみるといいだろう.

```
1  In [18]: mpl.rcParams['font.family'] = 'YuGothic'
```

日本語に対応したフォントを指定した後に図 7.1 と同じデータをプロットした結果が図 7.5 である.苦労したが無事に seaborn のグラフで日本語を表示することができた.

7.6 さらに制御文について学ぶ

フォントの話から脱線するが,前節で for 文と if 文という 2 つの制御文について学んだついでに,重要な制御文である while 文と try〜except 文について解説しておこう.while 文は,for 文よりも柔軟な繰り返し処理を実現するための構文である.for 文では for に続いて A in B の形で値を取り出す元となる B と取り出した値を代入する A を指定したが,while 文ではこの部分に真偽値を返す任意の式を置くことができる.式を評価した結果が True である間は,後続のブロックの処理が繰り返される.ブロック内で continue や break は for 文と同様に使用することができる.

仮想的な例だが,ユーザーがマウスのボタンを押していたら True,押していなかったら False を返す関数 get_mouse_pressed() と,画面上に「しばらくお待ちください」のアニメーションを描く draw_wait_message() という関数があるとして,

```
1  while not get_mouse_pressed():
2      draw_wait_message()
```

と書くと,マウスのボタンが押されるまで画面上に「しばらくお待ちください」のアニメーションを描き続けることができる.この例のように何回繰り返せばよいかスクリプトを書く時点でわからない繰り返し処理を書くのは for 文では難しく,while 文

を使う必要がある．プログラミングにおいて while 文はきわめて重要な文だが，本書で扱う話題では for 文の方が便利なのでこの程度の紹介にとどめておく．

while 文についてはこの程度にしておいて，続いて try～except 文を取り上げよう．try～except 文を用いると，文の実行中にエラーが生じた時の処理を記述することができる．少々複雑な構文なので，実際の例を見ながら解説しよう．前節において，matplotlib で読み込めないフォントファイルを回避するために書いた文 (コード 7.5) が元となっている．違いは 3～4 行目の FontProperties() と get_name() が 2 行目の try: に続くブロックとなっていることと，5～7 行目の except: に続くブロックが追加されたことである．

コード 7.6　try～except 文で読み込めないフォントファイルを回避する

```
In [17]: for file_name in font_files:
    ...:     try:
    ...:         font_prop = font_manager.FontProperties(fname=file_name)
    ...:         font_name = font_prop.get_name()
    ...:     except:
    ...:         print('Error!: ' + file_name)
    ...:         continue
    ...:     print(file_name, font_name)
    ...:
```

Python インタプリタは try: が出現すると，それに続くブロックを実行する．何もエラーがなければ except: に続くブロックを飛ばしてその次の文 (この例では 8 行目) を実行する．したがって，エラーがなければ 3 行目，4 行目，8 行目を for 文で繰り返す．

万一 try: に続くブロックでエラーが生じると，Python インタプリタは処理を停止せずに except: に続くブロックの実行を始める．この例では 6 行目で 'Error!: ' という文字列にエラーの原因となったファイル名を結合して print() で出力し，7 行目の continue で次のファイルの処理へ移る．結果的に，問題があるフォントファイルで処理が停止せずに最後まで実行される．

なお，このままでは get_name() を問題なく実行できたフォントファイルの出力 (8 行目) で画面がいっぱいになってしまうので，エラーを起こしたファイル名を確認することが難しい．8 行目の print() を削除すれば，print() が実行されるのが except: に処理が移った時のみとなるので，ファイル名を簡単に確認できる．問題を起こすフォントファイルが 1 つもない場合は何も出力されない．

Python のプログラミング全般を学ぶのであればもっとこれらの制御構文について解説すべきだが，本書ではグラフ描画に焦点を合わせて解説しているので，この辺りで元の話題に戻ろう．

7.7 matplotlib の設定ファイルを編集する

7.3 節でグラフに日本語フォントを表示できるようになったが，7.3 節の方法では Spyder を起動し直すたびに rcParams の値を変更しなければならない．標準のフォントを変更するためには，matplotlib の設定ファイルを編集する必要がある．設定ファイルの場所は使用している OS や Python のインストール方法によって異なるので，IPython コンソール上から確認するのが簡単である．matplotlib を import した後に，matplotlib の設定ファイルなどを置くディレクトリのパスを文字列として返す get_configdir() を実行する．

```
1 In [19]: mpl.get_configdir()
2 Out[19]: 'C:\\Users\\User\\.matplotlib'
```

この例では，C:\Users\User\.matplotlib が設定ファイルを置くディレクトリである．このディレクトリは matplotlib を使用すると自動的に作成されるので，ここまでの作業を行っていればすでに存在しているはずである．ここに matplotlibrc という名前で設定内容を記述したファイルを置くと，設定を変更することができる．

では，さっそく設定ファイルを作成してみよう．Spyder のエディタペインで新規ファイルを作成して (4.1 節)，入力済みの内容をすべて削除して以下のように入力する．ただし，Yu Mincho の部分は各自の PC で利用できる日本語対応のフォント名に置き換えること．フォント名を '' で囲む必要がない点に注意してほしい．

```
1 font.family: Yu Mincho
```

このファイルを，先ほど調べた設定ファイルを置くディレクトリに matplotlibrc という名前で保存する．ファイル名に拡張子は付けてはいけない．保存したらいったん Spyder を終了し，再び Spyder を起動してグラフをプロットすると [*4]，matplotlibrc で指定したフォントがプロットに用いられていることが確認できる．

7.8 インターネットからフォントを入手して利用する

以上で seaborn のグラフで日本語を表示するという目標は一応達成したが，読者の中には自分が使いたいフォントが findSystemFonts() で得られるリストの中に見つからなくて困っている人もいるかも知れない．例えば日本語版の Windows10 では標準で MS ゴシックや游ゴシックなどのフォントがインストールされているが，これら

[*4] メニューの「ファイル」から「再起動」を選択すると簡単に再起動できる．

のフォントは matplotlib で利用することができない．また「自宅では Macintosh を使用しているが，大学のコンピューター室では Windows10 しか使えない」といった人の場合は，両方の環境で使用できるフォントが見つからないかも知れない．こういった場合は，インターネット上からフォントファイルをダウンロードして利用すると便利である．

matplotlib で利用できるフォントは，TrueType と呼ばれる形式のものと，TrueType を発展させた OpenType 形式のものである．インターネット上には自由に利用できる TrueType フォントがいくつか配布されているので，そういったフォントをダウンロードすれば matplotlib，ひいては seaborn でのグラフ作成に使うことができる．本節では以下のフォントを紹介しておこう．

- IPA フォント (https://ipafont.ipa.go.jp/old/ipafont/download.html)
- Google Noto Fonts (https://www.google.com/get/noto/)

IPA フォントは TTF ファイルと TTC ファイルという 2 種類の形式で配布されているが，TTF は 1 つのファイルに 1 つのフォントが収納されている形式，TTC は複数のフォントがまとめて収納されている形式である．2018 年 10 月時点で matplotlib は TTC 形式に対応していないので，TTF 形式のものをダウンロードする必要がある．TTF 形式の 4 書体パックをダウンロードするとよいだろう．

Noto Font は serif 体と sans serif 体で別々のファイルにまとめられている．日本語に対応した serif 体は Noto Serif CJK JP，sans serif 体は Noto Sans CJK JP である．こちらも両方ともダウンロードしておくとよい．

IPA フォント，Noto Font とも Zip 形式でまとめて配布されており，Zip ファイルの中に含まれている拡張子.ttf または.otf のファイルがフォントの本体である．このファイルを matplotlib から利用できるようにするには，システムにインストールするか，matplotlib のデータディレクトリにファイルをコピーする．

システムにフォントをインストールするには，Windows の場合はフォントファイルを右クリックして表示されるメニューから「インストール」を選ぶ．Macintosh の場合はフォントファイルを Font Book というアプリケーションで開き，プレビューの下にある「フォントをインストール」というボタンをクリックする (図 7.6)．フォントファイルをまとめて選択して作業すると，一度にすべてインストールすることができる．ここで「管理者の権限がない」などのメッセージが表示されてインストールできない場合は，後述の matplotlib のデータディレクトリにファイルをコピーする方法を使う必要がある．

無事にインストールが終了したら，matplotlib がこれらのフォントを見つけられるようにするための作業を行う．matplotlib はキャッシュディレクトリと呼ばれる場所にフォントの情報を保存したキャッシュ (p.57) を作成し，ここからフォントを探そう

7.8 インターネットからフォントを入手して利用する

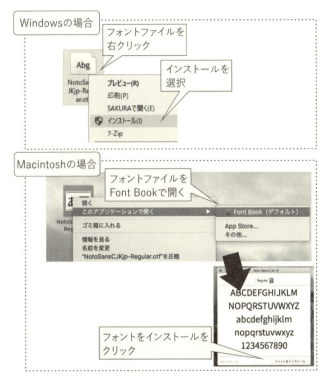

図 7.6 Windows (上段) と Macintosh (下段) にフォントをインストールする.

とする．新たなフォントをインストールした時には，キャッシュを削除して再構築させる必要がある．キャッシュの場所は matplotlib の `get_cachedir()` で調べることができる．

```
1  In [20]: mpl.get_cachedir()
2  Out[20]: 'C:\\Users\\User\\.matplotlib'
```

一般的には，キャッシュディレクトリは設定ファイルの保存ディレクトリと同一である．matplotlib を使ったことがあると，このディレクトリに fontList.json または fontList.py3k.cache というファイルがあるので，Spyder を終了した後にこれらのファイルを (両方あるなら両方とも) 削除する．削除後に Spyder をもう一度起動して matplotlib を import すると，キャッシュが再構築される．これで追加したフォントが利用できるようになったので，IPA フォントをインストールした人は以下の 1 行目を，Noto Font をインストールした人は 2 行目を IPython コンソール上で実行してから日本語を含むデータをプロットしてみてほしい．

```
1  mpl.rcParams['font.family'] = 'IPAPGothic'
```

```
2 | mpl.rcParams['font.family'] = 'Noto Sans CJK JP'
```

あとはフォントの設定を matplotlibrc に書き込めば毎回フォントを設定せずに日本語対応フォントを使用できるようになるが，せっかく複数の字体をダウンロードしたので選択できるようにしてみよう．matplotlibrc ファイルを開いて，以下のように入力する．

```
1 | font.serif      : Noto Serif CJK JP, IPAPMincho
2 | font.sans-serif : Noto Sans CJK JP, IPAPGothic
```

入力した後に Spyder を再起動して日本語を含むデータをプロットすると，Noto Font を入れた人は Noto Sans CJK JP で，入れていない人は IPAPGothic で文字が表示される．7.2 節でも少し触れたように，matplotlib は rcParam の font.family に設定されたフォントを使用する．標準ではここに ['sans-serif'] という値が設定されており，rcParam の font.sans-serif に列挙されたフォントを順番に確認して最初に見つけた利用可能なフォントが選択される．上記の matplotlibrc は，この font.sans-serif (と font.serif) の設定を変更している．Noto Sans CJK JP, IPAPGothic の順に書いているため，Noto Font がインストールされていれば Noto Sans CJK JP，されていなければ IPAPGothic が使われるというわけである．

ここまで確認できたら，font.family を 'serif' に設定してみよう．

```
1 | In [21]: mpl.rcParams['font.family'] = 'serif'
```

この変更によって font.serif からフォントが選択されるので，Noto Serif CJK JP または IPAPMincho で表示されたはずである．元に戻したい時には以下の文を実行すればよい．

```
1 | In [23]: mpl.rcParams['font.family'] = 'sans-serif'
```

これでより柔軟にフォントを選択できるようになった．以上でフォントをシステムにインストールする手順は終了である．

個人の PC ならこの方法で問題ないだろうが，大学のコンピューター室などの PC で自由にフォントをインストールできない場合は，matplotlib のデータディレクトリにフォントをコピーする方法が使えるかも知れない．matplotlib のデータディレクトリを調べるには，get_data_path() を用いる．

```
1 | In [24]: mpl.get_data_path()
2 | Out[24]: 'C:\\Users\\User\\Anaconda3\\lib\\site-packages\\matplotlib
       \\mpl-data'
```

本書では Anaconda を用いて Python をインストールしているので，matplotlib のデータディレクトリも通常は Anaconda のインストールディレクトリ内にある．こ

のディレクトリの中に ttf というディレクトリがあり，その中には matplotlib の標準 TTF フォントが格納されている．そこへ IPA フォントや Noto Font の.ttf または.otf ファイルをまとめてコピーすればよい．Anaconda インストール時に個人用を選択したならば，このディレクトリにはファイルをコピーできるはずである．コピーを終えた後は，システムにフォントをインストールする場合と同様にキャッシュを削除して matplotlibrc ファイルを編集すればよい．

7.9　フォントファイルをインストールできない場合

　前節までの方法で多くの場合は日本語フォントが使用できるようになるはずだが，大学の研究室などで Anaconda が管理者によってインストールされている場合などには，システムへのフォントのインストールも matplotlib のデータディレクトリへのコピーもできない場合もあり得る．このような場合，以下の方法で任意のディレクトリにあるフォントファイルを追加することができるので一応紹介しておこう．追加したいフォントの.ttf, .otf ファイルが C:\Users\User\my_fonts に置かれているとする．

```
1  font_files = font_manager.findSystemFonts(fontpaths='C:/Users/User/
       my_fonts)
2  font_entries = font_manager.createFontList(font_files)
3  font_manager.fontManager.ttflist.extend(font_entries)
```

　1 行目では，fontSystemFonts() が引数 fontpaths を用いてフォントファイルを探すパスを指定できることを利用して追加したいフォントの一覧を得ている．2 行目では，font_manager の createFontList() という関数を用いて，matplotlib が必要とするフォントのエントリを作成している．3 行目では，matplotlib.font_manager.fontManager.ttflist という list オブジェクトに 2 行目で作成したフォントエントリを追加している．これでシステムにインストールしたフォントと同様に matplotlib から利用できるようになる．

　ただ，残念ながらこの方法は Spyder の起動時に自動的に設定することはできない．日本語をグラフに使おうと思うたびに上記のコードを実行する必要があり，非常に面倒である．繰り返し使用したい文は，どこかに保存しておいて使いたい時に呼び出せるようにできれば手間はかなり軽減される．次章では，ファイルに保存した Python の文を Spyder で実行する方法について解説する．

8 ファイルからPythonのプログラムを実行する

8.1 スクリプトを作成する

　前章までSpyderのIPythonインタプリタを用いて作業してきたが，ある程度まとまった量の文を実行したい場合はインタプリタに毎回入力するのは手間である．このような場合は，テキストファイルに実行したいPythonの文を記入しておき，このファイルを読み込んで実行させるとよい．プログラミング言語の文を記入したファイルにはいろいろな呼び名があるが，Pythonの公式ドキュメントのチュートリアルにはソースファイル(source file)と表記されている．また，Spyderのメニューなどではスクリプトと表記されている．本書ではSpyderを用いた作業を紹介しているので，スクリプトと表記することにしよう．

　スクリプトは通常のテキストファイルなので，すでに好みのテキストエディタがあるという読者はそちらを使えばよいと思うが，本書ではSpyderのエディタペインを使用する．エディタペインで新規ファイルを作成して，前章の以下のコードを入力してみよう．新規ファイル作成時に最初から入力されている内容はそのままで問題ないので，その後に続けて入力すればよい．

```
1  import matplotlib.font_manager as font_manager
2
3  font_files = font_manager.findSystemFonts()
4
5  for file_name in font_files:
6      if 'NISC18030' in file_name or 'Emoji' in file_name:
7          continue
8      font_prop = font_manager.FontProperties(fname=file_name)
9      font_name = font_prop.get_name()
10     print(file_name, font_name)
```

　実際にSpyderのエディタペインで作業した方は気づくと思うが，モジュール名やオブジェクトが代入された変数名を入力してドット(.)を入力すると属性やメソッド，

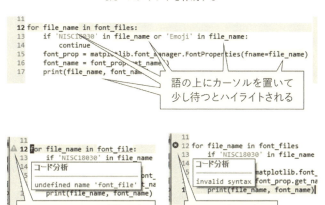

図 8.1　エディタペインのハイライト機能と警告機能

サブモジュール名の候補が表示される．また，関数やメソッドの開きカッコ (() を入力すると閉じカッコ ()) が自動的に補われ，引数の一覧が表示される．ただし，エディタペインへの入力時に Spyder が並行して自動的にモジュールのヘルプドキュメントなどの読み込みを行うので，読み込みが終了するまでの間は表示されない．こういった機能は IPython コンソールにも備わっているのでおなじみだろう．

エディタペインならではの機能としては，まず語のハイライト機能が挙げられる．図 8.1 上に示すように，エディタペインで作業している時に適当な語の途中でカーソル (マウスカーソルではなく，文字を入力する位置を示す縦線のこと) を置いて少し待つと，同じ語が黄色くマークされる．変数や関数をどこで使用しているか把握しやすいし，同じ語のはずなのにマークされないことをきっかけにタイプミスに気付くなどのメリットもある．

他にも，一度も値を代入したことがない変数を式で使用しているなど，Python の文法上は誤りではないが実行時にエラーとなる可能性がある行には！マークが付くという機能がある (図 8.1 左下)．この！マークにマウスカーソルを合わせると，簡単なメッセージが示される．図 8.1 左下の例では undefined name 'font_file'，すなわち `font_file` という変数が未定義 (＝ここまで一度も値を代入したことがない) というメッセージが表示されている．これは `font_files` の s の入力忘れなのだが，このように警告が表示されるとミスに気付きやすい．

文法に明らかなエラーがある行には，！ではなく×マークが表示される (図 8.1 右下)．やはり×マークにマウスカーソルを重ねると，簡単なメッセージが表示される．この例では行末の:を入力し忘れているのがエラーの原因である．invalid syntax と

いうメッセージからそのことを読み取るのは少々慣れが必要だが，非常に頼りになる機能である．

入力ができたら続いて実行してみたいところだが，その前に新規ファイルを作成した時に自動的に挿入されるテキストについて解説しておこう．前章までは新規ファイルを作成したらすぐに削除していた部分である．以下に例を示す．

```
1  # -*- coding: utf-8 -*-        # 以降はコメント (ファイル
2  """                              先頭では特別な意味を持つ)
3  Created on Thu Feb 22 12:00:00 2018
4
5  @author: User
6  """                              文字列のみの式文もコメントとして使える
```

注目すべき点は，エディタペイン上では1行目が灰色で表示されていること，2行目以降が緑色で表示されていることである．前章まで使用してきたIPython コンソールと同様に，緑色の表示は Python の文字列であることを示している．実際，この例の2行目と6行目には"""と入力されているが，これは Python においては複数行にわたる文字列の記法であった (3.4節)．この文字列にはファイルの作成日時と作者 (author) が記されているが，この情報はスクリプトで実行したい処理に何も影響を与えない．これは間違いなく Python の文字列なのだが，変数に代入されたり print() の引数になったりしていないので，評価しても何も起こらないからだ．何も起こらないということを利用して，作成日時と作者という付加的な情報をファイル内に記録しているのである[*1)]．

1行目の灰色で表示されている部分はコメント，すなわち Python の文として解釈されない文字列であることを示している．Python の文として解釈されないので，後から自分でプログラムを読み返したり，他の人が読んだりする時にわかりやすいようにいろいろな情報を書いておくことができる．文字列を利用する方法と異なり，以下のように通常の Python の文の末尾に書き添えることもできる．

```
1  for file_name in font_files:        # 以降はコメント
2      if 'NISC18030' in file_name or 'Emoji' in file_name:  # 非対応か？
3          continue
4      font_prop = font_manager.FontProperties(fname=file_name)
```

コメントは Python の文として解釈されないが，まったく機能がないわけではない．ファイルの1行目のコメントに coding: と書くと，スクリプトで用いられている文字コードを指定することができる．スクリプト内に日本語の文字を含んでいる場合，こ

[*1)] このような「変数に代入しない文字列」にはまったく機能がないわけではなく，モジュールのドキュメントを記述する際に利用される．モジュールを自作するレベルまで上達した時には利用することがあるだろう．

8.2 スクリプトを実行する

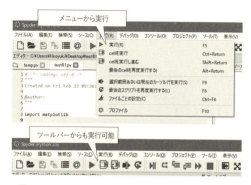

図 8.2 メニューとツールバーのスクリプト実行機能

の指定がないとエラーとなる可能性が高いので，日本のユーザーにとっては非常に重要である．Spyder のエディタペインでは標準で UTF-8 が用いられるので，自動的に coding: utf-8 と挿入される．文字コードの指定は大文字，小文字を区別しないので coding: UTF-8 と書いても構わない．

-*- という記号は作成したファイルを他のエディタで編集する場合のために付けられたものであり，Spyder だけで作業するのであればこのままにしておいても削除してしまっても問題ない．Spyder のエディタペインを使用している場合は自動的にスクリプトの文字コードと 1 行目で指定される文字コードが一致するので特に注意を払う必要はないが，自分の好みのテキストエディタを使いたい人は注意する必要がある．Python3 は UTF-8 を標準の文字コードとしているので，UTF-8 を使用することを強くお勧めする．

なお，Macintosh や Linux 系の OS のユーザーでテキストファイルにシェルコマンドを記入してまとめて実行する「シェルスクリプト」を利用する場合は，スクリプトでは 1 行目に #!/usr/bin/env python のようにシェルスクリプトの実行に利用するプログラムを書かねばならない．これを Shebang と呼ぶ．Shebang と Python 用の文字コードの指定を両立させるには，以下のように 2 行目に文字コード指定を書く．

```
1  #!/usr/bin/env python
2  #coding: utf-8
```

8.2 スクリプトを実行する

それでは作成したスクリプトを実行してみよう．Spyder のウィンドウ上部にあるメニューの「実行」をクリックすると，図 8.2 上のような項目が表示される．「実行」を選択すると，スクリプトの全体を実行することができる．まだスクリプトを保存し

8. ファイルから Python のプログラムを実行する

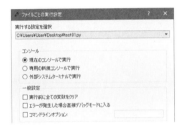

図 8.3 ファイルごとの実行設定ダイアログ．縦長なので上下に分割して左側に上半分，右側に下半分を示している．

ていなければ，ファイル保存のダイアログが表示されるので適当な場所に保存すること．ファイル名は自由に付けて構わないが，Python のスクリプトは拡張子を .py とするのが慣例である．続いて「ファイルごとの実行設定」というダイアログ (図 8.3) が表示された場合は，何も変更せずにダイアログ右下の「実行」をクリックする．すると IPython コンソール上でスクリプトが実行され，結果が出力されるはずである．前章までのように IPython コンソールに 1 文ずつ入力する作業をまとめて行っているのと同等の処理が行われるので，実行終了後の IPython コンソールではスクリプト内で使った変数にアクセスすることができるし，変数エクスプローラーで変数の内容を確認することもできる．

　Spyder のウィンドウ上部のメニューの下にアイコンが並んでいる部分をツールバーと呼ぶが，図 8.2 下に示すように，先ほどの「実行」メニューの各項目に描かれていたアイコンと同じものがいくつかツールバーにも並んでいる．これらのツールバーのアイコンをクリックすると，対応するメニューの項目と同じ機能を実行できる．また，メニューの項目に F5 や Ctrl+Return などと書かれている場合は，キーボードからそのキーを押すことによっても実行することができる．

　「実行」メニューの項目には，シンプルな「実行」の他にも「cell を実行」，「cell を実行して進む」，「選択範囲あるいは現在のカーソル行を実行」がある．cell とは Python の文法上の概念ではなく Spyder の機能で，行頭が #%%，# %% または # <codecell> のコメント行を挿入することによってスクリプトを区切ることができる．カーソルがある行を含む cell は黄色くハイライトされ，メニューの「cell を実行」を選択するとハイライトされている cell に含まれる文のみを実行することができる (図 8.4)．コードを少しずつ実行して動作を確認し修正するといった試行錯誤をする時に便利な機能である．cell を順番に実行したい時は，「cell を実行して進む」を選択するとよい．ハイライトされている cell を実行した後に，自動的に次の cell にハイライトが移動する．わざわざ cell に区切ることもなく，手軽にスクリプトの一部を実行したい場合は「選択範囲あるいは現在のカーソル行を実行」が便利である．

8.2 スクリプトを実行する

図 8.4　cell に区切って実行

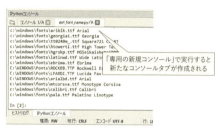

図 8.5　「専用の新規コンソール」で実行すると，スクリプト実行専用のタブが追加される

最後に「ファイルごとの実行設定」ダイアログについて触れておこう (図 8.3)．このダイアログは「実行」メニューの「ファイルごとの設定」を選択すると開くことができる．多くの設定項目があるが，ここでは「コンソール」と「作業ディレクトリ設定」という項目について解説する．

まず「コンソール」は，標準では「現在のコンソールで実行」が選択されている．この設定でエディタペインに開いたスクリプトを実行すると，現在使用している IPython コンソール上で実行される．print() の出力はこのコンソールに表示されるし，スクリプト内で操作したデータなどを実行終了後に IPython コンソール上でさらに操作することが可能である．一般的にはこの設定で問題はないと思われるが，すでに IPython コンソール上で作業をしていた場合，スクリプトを実行することによってそれ以前の作業内容が失われてしまう可能性もある．例えばすでに使用している変数名と同名の変数がスクリプト内で定義されていたら，スクリプトの実行とともにその前に変数に格納されていた値は上書きされてしまう．それでは困るという場合は，「ファイルごとの実行設定ダイアログ」で「専用の新規コンソール」を選んで実行する．すると図 8.5 のように IPython コンソールにスクリプトのファイル名と同じ名前のタブが追加され，そちらにスクリプトの実行結果が出力される．最初から開いているコンソールとは独立しているので，変数の値が上書きされてしまうこともない．最後の「外部システムターミナルで実行」を選択すると，Spyder の外部でスクリプトが実行される．

続いて「作業ディレクトリ設定」の項目だが,作業ディレクトリとは,4.2節で述べたカレントディレクトリのことである.この項目を用いて,スクリプトを実行する際のカレントディレクトリを指定することができる.スクリプトで利用するデータファイルがスクリプトを置いてあるディレクトリからの相対パスで指定できるのならば「現在実行しているファイルのディレクトリ」が便利だろうし,すべてのデータはカレントディレクトリに置いてあってスクリプトは分析の目的毎に異なるディレクトリに置いてあるのなら「現在の作業ディレクトリ設定」を選択するか「以下のディレクトリ」を選択してデータのディレクトリを指定するといいだろう.

8.3 デバッグ機能を利用する

「cellを実行」や「選択範囲あるいは現在のカーソル行を実行」を用いると,長いスクリプトの動作を順番に確認しながら実行することができる.この機能は,プログラミングを学び始めた人が書籍やインターネット上で見つけたスクリプトを実行しながらその仕組みを学習する際にとても有効である.しかし,これらの機能はあくまで文単位で実行するため,for文やif文などがネストされた文ではうまく機能しない.例えば以下のようにfor文のブロック内にあるif文を囲むようにcellを設定してみよう.

```
1  import matplotlib.font_manager as font_manager
2
3  font_files = font_manager.findSystemFonts()
4
5  for file_name in font_files:
6      #%% 非対応のファイルならば次のファイルへ進む
7      if 'NISC18030' in file_name or 'Emoji' in file_name:
8          continue
9      #%% フォント名を得て出力する
10     font_prop = font_manager.FontProperties(fname=file_name)
11     font_name = font_prop.get_name()
12     print(file_name, font_name)
```

このif文を囲むようにcellを設定

このスクリプトのif文のcellを選択した状態で「cellを実行」を行うと,以下のようにエラーとなる.

```
1  In [1]: if 'NISC18030' in file_name or 'Emoji' in file_name:
2     ...:         continue
3    File "<ipython-input-5-7ccefb90da9f>", line 2
4      continue
5      ^
6  SyntaxError: 'continue' not properly in loop
```

最後の文を読むと'continue' not properly in loopとあるが,なぜcontinueがエ

8.3 デバッグ機能を利用する

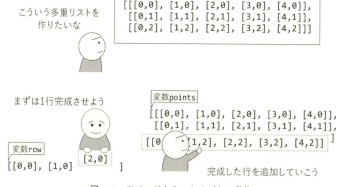

図 8.6 デバッグするスクリプトの動作

ラーとなるのだろうか．上の例をよく見ると，In [1]: というプロンプトのところへ選択した cell の文がインデントを解除された以外はそのまま入力されている．つまり，for 文に伴うブロックに埋め込まれた if 文ではなく，ただの if 文として実行されているのであって，continue で継続すべき「次の処理」がないのでエラーとなるのは当然のことである．

このような文の動作を確認する時に便利なのが Spyder のデバッグ機能である．バグ (bug) とはプログラムの誤りのことであり，バグを調べて修正することをデバッグ (debug) という．新しい関数およびメソッドの学習も兼ねて，Spyder のデバッグ機能を用いて次のスクリプトの動作を追跡してみよう．

```
1  # -*- coding: utf-8 -*-
2  """
3  Created on Fri Feb 23 12:00:00 2018
4  
5  @author: User
6  """
7  
8  points = []
9  
10 for y in range(3):
11     row = []
12     for x in range(5):
13         row.append([x,y])
14     points.append(row)
```

このスクリプトの目的は，図 8.6 上のような「X 座標と Y 座標が 1 ずつ増加する 3 行 5 列の座標値の list オブジェクト」を作って points という変数に格納することである．10 行目および 12 行目の range() という関数と，13 行目および 14 行目で用い

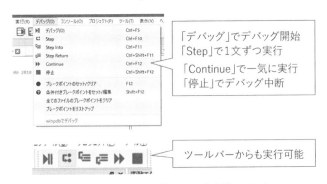

図 8.7 Spyder のデバッグメニューおよびツールバー

ている append という list オブジェクトのメソッドを用いている．

range() は引数に整数を 1 つだけ指定すると，0 から順番に指定した値未満の整数を順番に出力する range オブジェクトを返す．つまり，range(3) ならば 0, 1, 2．range(5) ならば 0, 1, 2, 3, 4 が順番に得られる．range(4, 8) のように 2 つの整数を指定すると，1 番目の引数から始まって 2 番目の引数未満の整数が得られる (この例では 4, 5, 6, 7)．range(0,10,3) のように 3 つの整数を指定すると，1 番目の引数から始まって 2 番目の引数未満の整数が 3 番目に指定した値の増分で得られる (この例では 0, 3, 6, 9)．for 文と組み合わせて用いると非常に使い勝手がよい関数である．

append() は list オブジェクトの末尾に与えられた引数を新たな要素として追加するメソッドである．x=[1, 2] の時に x.append(3) を実行すると x の値は [1, 2, 3] となる．データ処理のプログラムを書く際に便利なメソッドである．

空っぽの list オブジェクトに range() と append() を使って順番に座標値を詰め込んでいこうという算段だが，目標とする list オブジェクトには「横方向に X の値が 1 ずつ増える」と「縦方向に Y の値が 1 ずつ増える」という 2 つの繰り返しが含まれているので，2 つの for 文をネスティングするとうまくいく．問題は外側と内側の for 文に X 座標と Y 座標の繰り返しをどう割り当てるかだが，目的とする list オブジェクト (図 8.6 上) をじっくり眺めると，[0,0], [1,0], …という具合に X 座標が異なる list オブジェクトを並べたものがまとめられているので，内側の for 文で X 座標を変化させることにしよう．図 8.6 左下のように，まず変数 row を格納した空の list オブジェクトに (for 文を使って) Y 座標を 0 に固定して X 座標を 0 から 4 へ変化させながら追加していき，完成したものを図 8.6 右下のように変数 points に追加する．以上の作業をごっそりと外側の for 文で囲んで，Y 座標の値を 0 から 2 まで変化させながら繰り返せば目標とする list オブジェクトが完成しているはずである．

以上のアイディアを Python で書いたものが上記のコードである．いかがだろう，

8.3 デバッグ機能を利用する

動作をイメージできただろうか？　それでは Spyder のデバッグ機能を用いて動作を確認してみよう．Spyder のメニューバー「デバッグ」を開くと，図 8.7 のような項目が現れる．一番上の「デバッグ」という項目を選択すると，IPython コンソールに以下のように表示される．

```
 1  debugfile('C:/Users/User/debug_test.py', wdir='C:/Users/User')
 2  > c:\users\user\debug_test.py(6)<module>()
 3        4
 4        5 @author: User
 5  ----> 6 """
 6        7
 7        8 points = []
 8
 9
10  ipdb>
```

注目してほしい点は，1 行目にデバッグ中のファイル名とカレントディレクトリが表示されていること，5 行目の---->という表示が 6 """を指していること，そして 10 行目の ipdb>という表示である．10 行目の ipdb>は，デバッグ用のアプリケーションが現在 IPython 上で動いていてユーザーからの指示を待っていることを示している．デバッグ用のアプリケーションのことをデバッガ (**debugger**) と呼ぶ．

　---->は，現在デバッガがスクリプトのどの行のところで待機しているかを示している．この例では---->の先に 6 """とあるので，6 行目の"""で待機している．デバッガはスクリプトファイル内の Python の文を 1 つずつ実行するので，スクリプトの 1 行目の# -*- coding: utf-8 -*-は無視する．2 行目から 6 行目までが「複数行にわたる文字列」という 1 つの Python の文なので，この文の終わりである 6 行目で待機しているのである．

　ここでメニューの「Step」を選択するかメニューバーのアイコンをクリックすると，2〜6 行目の文が実行されて，次に Python の文が入力されている行である 8 行目で待機している状態になる．

```
 1  ipdb> > c:\users\user\debug_test.py(8)<module>()
 2        6 """
 3        7
 4  ----> 8 points = []
 5        9
 6       10 for y in range(3):
 7
 8
 9  ipdb>
```

　---->が指している行が 8 行目となっていることを確認してほしい．続いて Spyder

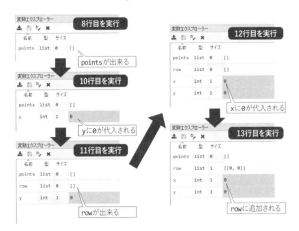

図 8.8 Step を使って 1 文ずつ実行した時の変数エクスプローラーの様子

の「変数エクスプローラー」を開いておいて，「Step」を 5 回実行してみよう．図 8.8 のように，1 回「Step」を実行する毎に変数の内容が変化していくのが確認できる．図 8.8 の最後のステップでは 13 行目を実行しているが，13 行目を実行した後に IPython コンソールでは以下のように 12 行目に戻って待機していることも確認しておくこと．12〜13 行目は for 文なので，12 行目に処理が戻ったのである．前章で for 文がいまひとつ理解できなかったという方は，ここで「Step」を実行しながらじっくりコードの流れを追ってみるといいだろう．

```
1  ipdb> > c:\users\user\debug_test.py(12)<module>()
2       10 for y in range(3):
3       11     row = []
4  ---> 12     for x in range(5):
5       13         row.append([x,y])
6       14     points.append(row)
7
8
9  ipdb>
```

1 行ずつではなく一気に処理を進めたい場合は，デバッグのメニューから「Continue」を選択する．直ちにデバッグを中断したい場合はデバッグのメニューから「停止」を選択する．いずれの方法でも，スクリプトの実行が終了したらデバッガが自動的に終了して通常の IPython のプロンプトに戻る．

繰り返し回数が多い for 文を実行する時や，数十行にわたるスクリプトをデバッグする際には，「Step」で 1 文ずつ実行するのは現実的ではない．このような時に役立つのがブレークポイント (break point) である．エディタペイン上で「ここで処理を

8.3 デバッグ機能を利用する

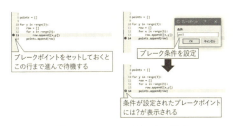

図 8.9 ブレークポイントの設定

いったん止めて変数の内容を確認したり Step で実行したりしたい」と思う行にカーソルを移動させて，デバッグメニューから「ブレークポイントのセット/クリア」を選択すると，その行の行番号の左に暗い赤色の円が表示される (図 8.9 左)．この円はその行にブレークポイントがセットされていることを表している．「Continue」で一気に処理を進めている際にブレークポイントがセットされた行に到達すると，その行を実行する直前で自動的に停止して待機する．試しにスクリプトの 13 行目にブレークポイントを置いてからデバッグを開始して，すぐに「Continue」を選択してみよう．一気に 13 行目まで進んで待機状態になるはずである．以後，「Step」を選択すれば 1 文ずつ実行できるし，「Continue」を選択すれば再び 13 行目に戻ってくるかスクリプト全体を実行し終えるまで一気に処理が進むので，目的に応じて使い分けるとよい．

なお，ブレークポイントは 1 つのスクリプト内で複数の文にセットすることができる．エディタペインの行番号の左側の部分をダブルクリックすることでもブレークポイントのセット，解除ができる．コメントしか書かれてない行など，Python の文ではない行にはブレークポイントはセットできない．

通常のブレークポイントはセットされた行で必ず待機状態となるが，指定した条件を満たした時のみ待機状態となるブレークポイント (条件付きブレークポイント) も用意されている．条件付きブレークポイントをセットしたい行にカーソルを移動させ，デバッグメニューの「条件付きブレークポイントをセット/編集」を選択する．すると図 8.9 の右上のように「ブレークポイント」という小さなダイアログが開く．「条件：」のところに Python の式を書いておくと，その式が True となる時だけ有効な条件付きブレークポイントをセットできる．条件付きブレークポイントは，図 8.9 の右下のようにブレークポイントを示す円の中に「?」が表示されるので，通常のブレークポイントと区別できる．

試しに 14 行目に条件が y==1 の条件付きブレークポイントをセットしてみよう．セットした後にデバッグを開始して「Continue」を実行すると，14 行目で停止する．ここで変数エクスプローラーで y の値が 1 であることを確認してほしい．さらに「Continue」を実行すると，スクリプトが最後まで実行されてしまうはずである．以上のことを確

認したら，14 行目の条件付きブレークポイントをいったん解除して通常のブレークポイントを 14 行目に置いてデバッグを開始し「Continue」を繰り返してみるとよい．今度は終了までに 14 行目で 3 回待機状態になり，その時の y の値は 1 回目から順番に 0，1，2 となっているはずである．

デバッグについては IPython コンソールに表示されている ipdb>というプロンプトに直接コマンドを入力することによって高度な作業が可能だが，本章で解説した操作を覚えておけばとりあえず十分だろう．

9 グラフの体裁を調整する

9.1 スタイルとコンテキストを用いてデザインを変更する

第 7 章では，matplotlib の `rcParams` という変数の値を変更してグラフに使用するフォントを指定した．`rcParams` では他にもグラフの色や各部の寸法といった見た目に関する設定が 100 以上も定義されており，それらを変更することでグラフの見た目を調整することができる．seaborn では，これらの設定項目を `set_style()` と `set_context()` という 2 つの関数を使ってまとめて変更することができる．`set_style()` で変更できる項目をスタイル，`set_context()` で変更できる項目をコンテキストという．大まかに言うと，スタイルは色やフォントの種類などを調節し，コンテキストは文字の大きさや線の太さなどを調整する．表 9.1 に seaborn で定義されているスタイルとコンテキストを示す．スタイルとコンテキストを利用するには，以下のように `set_style()` の引数にスタイル名，`set_context()` の引数にコンテキスト名を渡す．どちらか一方だけを使用することも可能である．

```
1  In [1]: sns.set_style('whitegrid')
2
3  In [2]: sns.set_contest('poster')
```

`set_context()` では，文字の大きさを微調整するために `font_scale` という引数が用意されている．`font_scale` のみを指定すると現在のコンテキストにおける文字の大きさに対する相対値で，コンテキスト名と同時に指定するとそのコンテキストを基準とした相対値で文字の大きさが変更される．

表 9.1 seaborn で定義されているスタイルとコンテキスト

スタイル	'darkgrid', 'whitegrid', 'dark', 'white', 'ticks' のいずれか．'dark' と 'white' は背景色，'grid' はグリッド線の有無に対応する．'ticks' は白い背景で軸に目盛が付く．
コンテキスト	'paper', 'notebook', 'talk', 'poster' のいずれか．後の方ほど文字は大きく線は太くなる．

```
1  In [3]: sns.set_contest(font_scale=1.2)
2
3  In [4]: sns.set_contest('poster')
```

set_style() と set_context() が実際に行っていることは，表 9.2 および表 9.3 に示す rcParams の項目の変更である．これらの項目の現在の値を確認するには axes_style() および plotting_context() を使用する．

```
 1  In [5]: sns.axes_style()          引数なしで現在の設定を出力
 2  Out[5]:
 3  {'axes.axisbelow': True,
 4   'axes.edgecolor': '.15',
 5   'axes.facecolor': 'white',       引数を与えるとその style/context の
 6   (以下略)                           設定値を出力
 7
 8  In [6]: sns.plotting_context('poster')
 9  Out[6]:
10  {'axes.labelsize': 8.8,
11   'axes.titlesize': 9.600000000000001,
12   'font.size': 9.600000000000001,
13   (以下略)
```

スタイルおよびコンテキストを変更する際に，これらの設定のうち一部だけ独自に指定したい場合は，以下のように rc という引数に dict オブジェクトを渡すことができる．

```
1  In [7]: sns.set_style('white', rc={'font-family':'IPAPGothic'})
2
3  In [8]: sns.set_context('talk', rc={'axes.titlesize':18,
        'axes.labelsize':16})
```

すべての設定を matplotlib のデフォルトに戻したい時は，seaborn の reset_defaults() を用いる．matplotlib の設定ファイル (matplotlibrc) などを用いてカスタマイズした設定に戻す場合は reset_orig() を用いる．IPython コンソール上で作業しているなら以下のように実行すればよい．

```
1  In [9]: sns.reset_orig()
```

表 9.2 および表 9.3 の項目のうち，太さや幅，大きさを数値で指定するものについては特に解説の必要はないだろう．patch.linewidth の説明にある「パッチ」とは，グラフ中に多角形などの図形を描く時の輪郭線の太さに対応している．表 9.2 の xtick.direction および ytick.direction は 'in'，'out'，'inout' のいずれかで指定する．それぞれ軸の内側，外側，両側に目盛が付く．

lines.solid_capstyle は折れ線グラフの折れ線の両端をどのように描くかを指定

9.1 スタイルとコンテキストを用いてデザインを変更する

表 9.2 スタイルで変更される項目

axes.axisbelow	軸の重なり	legend.frameon	凡例の枠の有無
axes.edgecolor	軸の色	legend.numpoints	凡例で表示するマーカー数
axes.facecolor	グラフの背景色	legend.scatterpoints	凡例で表示する点の数
axes.grid	グリッドの有無	lines.solid_capstyle	折れ線の端の形状
axes.labelcolor	ラベルの色	text.color	テキストの色
axes.linewidth	軸の線の太さ	xtick.color	X軸の目盛の色
figure.facecolor	図の背景色	xtick.direction	X軸の目盛の向き
font.family	7.2節参照	xtick.major.size	X軸主目盛の長さ
font.sans-serif	7.2節参照	xtick.minor.size	X軸副目盛の長さ
grid.color	グリッドの色	ytick.color	Y軸の目盛の色
grid.linestyle	グリッドの線種	ytick.direction	Y軸の目盛の向き
image.cmap	等高線図の色	ytick.major.size	Y軸主目盛の長さ
		ytick.minor.size	Y軸副目盛の長さ

表 9.3 コンテキストで変更される項目

axes.labelsize	軸ラベルの大きさ	xtick.labelsize	X軸主目盛のラベルの大きさ
axes.titlesize	タイトルの大きさ	xtick.major.pad	X軸主目盛と目盛ラベルの間隔
font.size	フォントの大きさ	xtick.major.width	X軸主目盛の線幅
grid.linewidth	グリッド線の太さ	xtick.minor.width	X軸副目盛の線幅
legend.fontsize	凡例のフォントサイズ	ytick.labelsize	Y軸主目盛のラベルの大きさ
lines.linewidth	折れ線の太さ	ytick.major.pad	Y軸主目盛と目盛ラベルの間隔
lines.markersize	マーカーの大きさ	ytick.major.width	Y軸主目盛の線幅
patch.linewidth	パッチの線幅	ytick.minor.width	Y軸副目盛の線幅
lines.markeredgewidth	マーカー輪郭線の太さ		

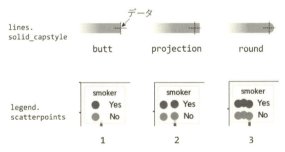

図 9.1 lines.solid_capstyle の設定 (上) と legend.scatterpoints の設定 (下)

するもので、図9.1上段に示す'butt', 'round', 'projecting'のいずれかである。legend.numpoints と legend.scatterpoints は図9.1下段のように凡例に描画する点の個数を指定する。grid.linestyle は、'darkgrid' や 'whitegrid' などのスタイルを使用した際に描かれるグリッドの線種を指定できる。6.2節で折れ線グラフの線種を指定した時と同様に、'-'で実線、':'で点線、'--'で破線、'-.'で一点

鎖線を使用できる．あとは色の指定方法について解説する必要があるが，長くなるので 9.3 節にて取り上げる．

9.2 グラフの大きさを変更する

matplotlib で描かれるグラフの大きさは，rcParams の'figure.figsize' の設定に従う．現在の値を確認するには以下のようにすればよい．

```
In [7]: import matplotlib as mpl

In [8]: mpl.rcParams['figure.figsize']
Out[8]: [6.0, 4.0]
```

大きさはシーケンスで表され，第 1 要素が幅，第 2 要素が高さである．値を変更するには以下のように代入すればよい．

```
In [9]: mpl.pcParams['figure.figsize'] = [12.0, 8.0]
```

単位はインチで，IPython コンソール上に出力する際は **dpi (dots per inch)**，すなわち 1 インチあたりのピクセル数の設定を用いてピクセルに変換される．dpi は rcParams['figure.dpi'] で定義されている．

```
In [10]: mpl.rcParams['figure.dpi']
Out[10]: 72.0
```

一般に，dpi が高いほど高品質な出力が得られるが，出力に用いるデバイス (モニターやプリンターなど) の性能を超えた値を指定しても意味がない．PC のモニター上で確認したりや web ページに掲載する資料を作成する場合であれば 72dpi で十分なことも多いが，プリンターで印刷するならば 300dpi かそれ以上が必要かも知れない．

dpi を倍にして幅，高さを半分にすれば出力される図の大きさは同じになると思われるかも知れないが，文字の大きさや線の太さは dpi に応じて変化するので同じ大きさにはならない．図 9.2 に dpi を 72 で大きさを [6.0, 4.0] に設定した時と，dpi を 144 で大きさを [3.0, 2.0] に設定した時の出力結果を示す．グラフ自体の外枠の大きさはほぼ同じだが，文字の大きさなどが異なることがわかる．

なお，72dpi で幅が 6.0 インチならば出力画像の横幅は $72 \times 6.0 = 432$ ピクセルとなるはずだが，実際の出力はやや小さくなる．この問題については 11.1 節および 11.2 節で触れる．

figure.figsize は一度設定するとその後に描画するグラフすべてに影響するが，seaborn の jointplot() と pairplot()，および第 10 章で扱う factorplot() は，独自の方法でグラフの大きさを設定するため figure.figsize で大きさを変更するこ

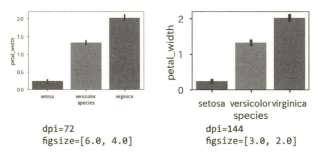

図 9.2 グラフの大きさの調整．IPython コンソールに出力した際の文字の大きさや線の太さは dpi に依存する．

表 9.4 基本的な色名

'b' 青	'g' 緑	'r' 赤	'c' シアン
'm' マゼンタ	'y' 黄	'k' 黒	'w' 白

とはできない．これらの関数はいずれも size という引数でグラフの大きさを設定する．詳しくは 6.4 節，6.5 節および 10.2 節を参照のこと．

9.3 色の指定

seaborn での色指定は基本的には matlab に従うので，まず matlab での色指定について解説しよう．matplotlib で色を指定する方法には，大きく分類して色名で指定する方法と数値で指定する方法がある．

色名で指定する方法では，'red' や'green' のような文字列を用いる．以下の例ではグラフのプロットエリアの色を黒，凡例などの文字の色を白に設定している．

```
1  In [10]: sns.set_style(rc={'axes.facecolor':'black',
       'text.color':'white'})
```

matplotlib.colors モジュールの get_named_colors_mapping() を使うと，matplotlib が認識する色名を定義した dict オブジェクトを得ることができる．ただし，以下の文を IPython コンソールで実行してみるとわかるが，非常に多くの色名があって全体を表示することができない．本書では，web ページなどのデザインをする時に用いられる **CSS4 (Cascading Style Sheets, Level 4)** の色名はすべて利用できることと，アルファベット 1 文字で表される基本色 (表 9.4) を紹介するにとどめておく．

```
1  In [11]: import matplotlib.colors
2
3  In [12]: matplotlib.colors.get_named_colors_mapping()
```

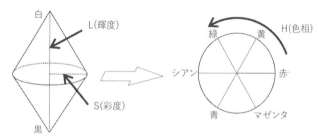

図 9.3 HLS による色の表現

続いて数値で色名を指定する方法を取り上げよう．get_named_colors_mapping() を実行してみると，戻り値の dict オブジェクトで色名と '#F0F8FF' などの暗号のような文字列が対応付けられていることが確認できる．この暗号のようなものが数値による色の表現である．コンピューターでは赤，青，緑の三原色の光の強度の組み合わせによって色を表現する．このような色表現を **RGB** と呼ぶ．例えば赤，緑，青の光の強度がそれぞれ 100%，100%，0%ならば明るい黄色になる．

matplotlib では RGB による色を，赤，緑，青の強度を 0.0〜1.0 で表した値を並べたシーケンスか，6 桁の 16 進数によって表現する．シーケンスを用いる場合は，例えば (0.5, 0.64, 0.9) とすれば赤が 50%，緑が 64%，青が 90%と解釈される．16 進数を用いる場合は，左から 2 桁で赤，中央の 2 桁で緑，右の 2 桁で青の強度を表す．赤 100%，緑 100%，青 0%の黄色を例に挙げると，2 桁の 16 進数で最大の値は FF なので赤と緑は FF，0 は 16 進数でも 0 なので青は 00 となる．これらをつなぎ合わせると FFFF00 となるが，これが 16 進数による色表現であることがわかるように先頭に#を付けて '#FFFF00' という文字列で表す．matplotlib.colors モジュールには赤，青，緑の強度を 0.0〜1.0 で表したシーケンスを 16 進数表現に変換してくれる rgb2hex() という関数が用意されているので，いろいろと試してみるといいだろう．

```
1  In [13]: matplotlib.colors.rgb2hex((1.0, 1.0, 0.0))
2  Out[13]: '#ffff00'
3
4  In [14]: matplotlib.colors.rgb2hex((0.7, 0.65, 0.8))
5  Out[14]: '#b2a6cc'
```

RGB はコンピューターにとって自然な色表現だが，用途によっては他の色表現の方が便利なことも多い．本節では，seaborn を使用する際に覚えておくと便利な **HLS** という色表現を紹介しておこう．HLS では図 9.3 のように，色相 (Hue)，彩度 (Saturation)，輝度 (Luminance) の 3 つの値で色を表現する．seaborn ではいずれも値は 0.0〜1.0 で，色相を 0.0 から大きくしていくと赤から黄，緑，シアン，青，マゼンタと変化し，そして 1.0 で赤に戻る．彩度は色の鮮やかさを表し，1.0 が最も鮮やか

表 9.5　seaborn のパレット

'deep', 'muted', 'pastel', 'bright', 'dark', 'colorblind'	いずれも青，緑，赤，紫，黄，水色の 6 色からなるパレット．
'hls'	HLS を用いて生成される，色相が異なる N 個の色からなるパレット．N は任意に指定できる．
'husl'	HLS よりも見た目の彩度や明るさがより均等になるとされる HUSL を用いて生成される，色相が異なる N 個の色からなるパレット．N は任意に指定できる．

で 0.0 へ向かうにつれて灰色に近づく．輝度は明るさを表し，0.0 が黒，1.0 が白である．輝度が 0.5 の時に純色 (最も彩度が高い色) が得られる点が特徴である．

他にも色の表現方法はたくさんあるが，とりあえず RGB と HLS を知っていれば seaborn のグラフの色を調整することができる．次節では，seaborn のグラフで棒グラフや折れ線グラフの色を変更してみよう．

9.4　パレットを用いて色を変更する

第 6 章では様々な seaborn のグラフを紹介したが，引数 `hue` を使って複数のカテゴリをプロットした場合や，`jointplot()` で 2 変数のカーネル密度をプロットしたり，`heatmap()` でヒートマップを描いた場合などには多くの色が使われる．これらの色を効率的に設定するために，seaborn にはパレットという機能が用意されている．

パレットはいくつかの色をまとめたもので，seaborn で標準で用意されているものや，matplotlib の類似の機能であるカラーマップを引き継いだものがある．表 9.5 に seaborn の標準のカラーマップを示す．`color_palette()` という関数を用いると，その値を確認することができる．以下の例では 'deep' というパレットの値を出力している．小数の桁が大きくてわかりにくいが，RGB の成分をまとめた tuple が 6 個並んだ list オブジェクトであることを確認してほしい．

```
In [17]: sns.color_palette('deep')
Out[17]:
[(0.2980392156862745, 0.4470588235294118, 0.6901960784313725),
 (0.3333333333333333, 0.6588235294117647, 0.40784313725490196),
 (0.7686274509803922, 0.3058823529411765, 0.3215686274509804),
 (0.5058823529411764, 0.4470588235294118, 0.6980392156862745),
 (0.8, 0.7254901960784313, 0.4549019607843137),
 (0.39215686274509803, 0.7098039215686275, 0.803921568627451)]
```

パレットを適用するには，`set_palette()` という関数の引数にパレットを指定して実行する．以下の例ではパレットを 'deep' に設定して，確認のために `barplot()` で棒グラフを描いている．

```
1  In [18]: sns.set_palette('deep')
2
3  In [19]: sns.barplot(x=[1,2,3,4,5,6], y=[1,2,3,4,5,6])
```

これらの文をパレット名を変更しながら実行すると，それぞれのパレットでどのような色が設定されるか比較しやすいので，ぜひ各自で実行して確認してほしい．

表 9.5 で述べた通り，'deep'，'muted'，'pastel'，'bright'，'dark'，'colorblind' は 6 色からなるパレットである．以下のように 7 色以上を必要とするグラフを描こうとすると，自動的に他のパレットが選択されてしまう．

```
1  In [20]: sns.set_palette('deep')
2
3  In [21]: sns.barplot(x=[1,2,3,4,5,6,7], y=[1,2,3,4,5,6,7])
```

7 色以上からなるパレットを作成するには，set_palette() で n_colors という引数に色数を指定する．'deep'，'muted'，'pastel'，'bright'，'dark'，'colorblind' のパレットで n_colors に 7 以上の値を指定すると，6 色が循環する (すなわち 7 色目が 1 色目と同じとなる) パレットが作成される．

```
1  In [22]: sns.set_palette('deep', n_colors=7)
2
3  In [23]: sns.barplot(x=[1,2,3,4,5,6,7], y=[1,2,3,4,5,6,7])
```

'hls' というパレット名を指定すると，HLS を用いて色相 (H) が等間隔になるように n_colors 個の色を取り出したパレットが作成される．n_colors のデフォルト値は 6 なので，省略すると 6 色となる．

```
1  In [24]: sns.set_palette('hls', n_colors=7)
2
3  In [25]: sns.barplot(x=[1,2,3,4,5,6,7], y=[1,2,3,4,5,6,7])
```

'hls' では 1 色目が赤色から始まるが，これを変更したい場合は seaborn.palettes というサブモジュールの hls_palette() を用いる．この関数は n_colors の他に h, s, l という引数を持ち，h の値で 1 色目の色相を 0.0〜1.0 の範囲で指定できる．s は彩度，l は輝度の指定で，いずれも範囲は 0.0〜1.0 である．以下の例では h に 0.5 を指定しているが，これは緑色に相当する．

```
1  In [26]: import seaborn.palettes as palettes
2
3  In [27]: my_palette = palette.hls_palette(n_colors=7, h=0.5)
```

作成したパレットはそのまま set_palette() の引数として使用できる．1 色目の色が set_palette() で 'hls' を指定した時とは異なっていることを確認すること．

9.4 パレットを用いて色を変更する

表 9.6 seaborn のパレット生成関数

関数	説明
dark_palette()	指定した色からだんだん暗くなるパレットを作成する.
light_palette()	指定した色からだんだん明るくなるパレットを作成する.
diverging_palette()	指定された 2 色が両端で，中央が白または黒のパレットを作成する.
blend_palette()	指定された順番に色が変化していくパレットを作成する.

```
1  In [28]: sns.set_palette(my_palette)
2
3  In [29]: sns.barplot(x=[1,2,3,4,5,6,7], y=[1,2,3,4,5,6,7])
```

'husl' というパレット名を指定すると，'hls' をベースに見た目の彩度，輝度の変動が小さくなるように調整した **HUSL** でパレットが作成される．使い方は 'hls' と同じである．hls_palette() に対応する husl_palette() という関数も用意されている．

以上が seaborn の標準的なパレットだが，seaborn では他にもいろいろなパレットを利用することができる．まず，matplotlib にはパレットと同様の機能を実現するために用いられるカラーマップという機能が用意されているのだが，seaborn では matplotlib のカラーマップを利用することができる．例えば 'plasma' という文字列を set_palette() の引数に指定すると，暗い青から赤，そして黄色へと変化していく matplotlib の plasma カラーマップを使用することができる．matplotlib には多くのカラーマップが用意されており，本書で紹介するにはスペースが足りない．以下の URL に詳しく説明されているので参考にしてほしい．

- https://matplotlib.org/examples/color/colormaps_reference.html
- https://matplotlib.org/api/pyplot_summary.html

これらのあらかじめ準備されたパレットの他にも，seaborn には自分でいくつかの色を指定してパレットを作成する関数が用意されている (表 9.6)．

dark_palette() では，引数 color で基本色，n_colors でパレットの色数を指定すると，次第に暗くなるパレットを作成できる．引数 reverse を False にすると基本色が一番最後，True にすると基本色が一番最初となる (デフォルト値は False)．以下の例では，暗い緑から次第に明るくなっていき最後が 'green' で表される緑となるパレットが作成される．

```
1  In [30]: sns.dark_palette(color='green', n_colors=6)
```

基本色から明るくなるパレットを作るには light_palette() を用いる．使用方法は dark_palette() と同様である．以下の例では，オレンジから始まってだんだん明るく (白く) なるパレットが作成される．

```
1  In [31]: sns.light_palette(color=(1.0, 0.5, 0.0), n_colors=6,
      reverse=True)
```

diverging_palette() では，中央が白または黒で，両端に向かって色が変化していくパレットを作成できる．色の指定は HLS を使用し，引数 h_neg で最初の色相を，h_pos で最後の色の色相を指定する．他に s で彩度，l で輝度，n でパレットの色数を指定する．色相は 0 から 359，彩度と輝度は 0 から 100 で指定しなければならないので注意が必要である．引数 center に 'light' を指定すると中央が白，'dark' を指定すると黒になる．以下の例では赤から始まって中央で暗くなり，最後に緑になるパレットが作成される．

```
1  In [32]: sns.diverging_palette(h_neg=0, h_pos=120, s=75, l=50, n=6,
               center='dark')
```

blend_palette() では，引数 colors に複数の色を並べたシーケンスで指定すると順番にそれらの色へ変化していくパレットが作成される．パレットの色数は n_colors で指定する．以下の例では黄色から始まり緑を経て青になるパレットが作成される．

```
1  In [33]: sns.blend_palette(colors=['yellow', 'green', 'blue'],
               n_colors=6)
```

これらの関数の引数のデフォルト値や，他のパラメータについてはヘルプドキュメントを参考にしてほしい．RGB による色の指定方法と以上の関数を覚えておけば，かなり自由にパレットを作成できるはずである．

9.5 グラフの枠を削除する

標準の設定では，seaborn のグラフは図 9.4 左上のように四角い枠に囲まれている．しかし，図 9.4 右上のように枠を除いてグラフを描きたい場合もあるだろう．枠の除去は seaborn の despine() という関数を使えばよいのだが，少し注意しないといけないことがある．まずは，以下のスクリプトを作成して実行してみてほしい．IPython コンソールで実行するとある問題が生じるので (後述)，必ずスクリプトで実行すること．

コード 9.1 despine() の実行

```
1  import seaborn as sns
2  dataset = sns.load_dataset('tips')
3  sns.pointplot('day', 'total_bill', hue='sex', data=dataset,
         dodge=True)
4  sns.despine()
```

実行すると，図 9.4 右上のような枠なしのグラフが出力されるはずである．despine() は top, bottom, left, right の引数を持ち，それぞれ True にすると枠の対応する辺が消去される．デフォルト値は top と right が True，bottom と left が False なので，図 9.4 右上のような結果となる．

9.5 グラフの枠を削除する

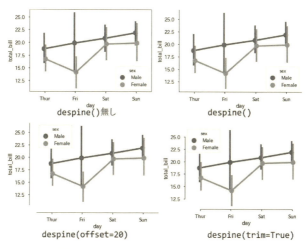

図 9.4　despine() による枠の消去と軸の調整

despine() には他にも offset という引数があり，正の整数を指定すると軸が標準の位置より外側へずれた位置に描かれる．offset=20 を指定した例を図 9.4 左下に示す．さらに，trim という引数に True を指定すると，図 9.4 右下のようにデータ範囲より外は枠を描かない．具体的に言うと，図 9.4 右下のグラフの横軸の Thur より左，Sun より右には線が引かれない．

despine() の使い方は以上だが，問題は以上の作業を IPython コンソール上で実行する場合である．コード 9.1 を順番に IPython コンソールで実行してみよう．3 文目の barplot() を実行すると枠付きのグラフが出力されて，4 文目の despine() を実行すると以下のような出力だけで枠なしのグラフは出力されないはずである．

```
1  In [36]: sns.despine()                    グラフが出力されない
2  Out[36]: <matplotlib.figure.Figure at 0x1d7ff57a0f0>
```

何が起こっているのかを理解するには，seaborn のベースとなっている matplotlib でのグラフが出力されるまでの手順を知る必要がある．matplotlib では，グラフを描くための領域を Figure，そしてグラフの軸を Axes と呼ぶ (図 9.5 上段左)．matplotlib がわざわざ Figure と Axes を分けて扱うのは，第 6 章の pairplot() のように 1 つの Figure の中に複数の Axes を持つグラフにも対応するためである (図 9.5 上段右)．

図 9.5 下段は matplotlib でグラフを作成する際の手順を示している．最初に Figure と Axes を作成し，そこへ直線や図形，文字などを追加してグラフの体裁を整えていく．先述の通り Axes は複数個存在している可能性があるのだが，特にどの Axes に手を加えるのかをユーザーが指定しなければ matplotlib は現在描画の対象となって

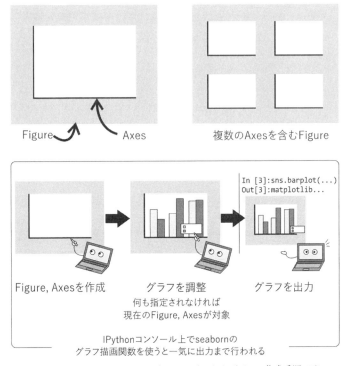

図 9.5　matplotlib の Figure と Axes(上) およびグラフ作成手順 (下)

いる Axes が指定されたものと解釈する．調整を終えたらグラフを出力して作業は完了である．

以上が matplotlib でのグラフ作成手順だが，IPython コンソールでグラフ描画関数を実行すると一気に結果の出力までが行われ，描画が終了するので「現在描画中の Axes」がなくなってしまう．なので，後から despine() のようにグラフを調整する関数を実行してもその結果が出力されないのである[1]．確認のためにもう一度コード 9.1 をスクリプトとして実行してみると，IPython コンソール上では以下のように runfile() という関数を実行した形になっており，「IPython コンソール上の 1 つの文で」despine() まで実行していることがわかる．

```
1  In [1]: runfile('C:/Users/user/Desktop/despine_test.py',
         wdir='C:/Users/user/Desktop')
```

スクリプトを使用せずに IPython コンソール上で despine() を使いたい場合は，

---

[1]　後からでも despine() の引数 ax を用いて対象の Axes を指定すれば適用可能である．

9.6 軸範囲と目盛の調整

図 9.6 グラフの出力先の設定

Ctrl キーを押しながら Enter キーを押す方法を使って以下のように複数行を一度に入力すればよい．ただし，モジュールの import やデータの読み込みはすでに済ませているものとする．

```
1  In [37]: sns.pointplot('day', 'total_bill', hue='sex', data=dataset,
             dodge=True)
2     ...: sns.despine()
```

この他にも，グラフの出力先を IPython コンソール上から別ウィンドウに切り替えるという方法もある (図 9.6)．Spyder のウィンドウ上部の「ツール」メニューより「設定」と選択して設定ダイアログを表示し，ダイアログ左側の設定項目から「IPython コンソール」を選択する．そしてダイアログ右側の「グラフィックス」タブを選択し，「グラフィックスのバックエンド」という項目の「バックエンド」を「自動」にする．ダイアログ右下の「OK」をクリックして設定を保存した後，Spyder をいったん終了して再び起動する．すると seaborn(matplotlib) で描いたグラフが図 9.7 のように別のウィンドウで表示されるようになる．別ウィンドウにグラフが出力された後に despine() を実行すると，IPython コンソール上に出力していた場合とは異なり，別ウィンドウ上のグラフが更新されて despine() の結果が反映される．元の IPython コンソール上への出力に戻したい場合は，図 9.6 の作業を 3. まで行って，「バックエンド」を「インライン」にするとよい．

9.6 軸範囲と目盛の調整

前節で紹介した Axes は Python のオブジェクトであり，グラフの体裁を整えるのに便利なメソッドを多数持っている．本章の残りでは，それらのメソッドのうち特に便利なものをいくつか取り上げよう．まず，本節ではグラフの縦軸，横軸の範囲と目

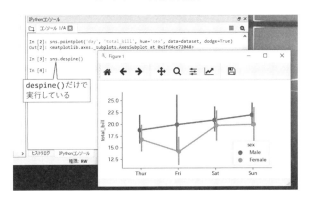

図 9.7 別ウィンドウにグラフを出力すると despine() を後から実行しても反映される．

盛の調整について紹介する (表 9.7)．

コード 9.2 軸範囲と目盛の調整

```
1  import seaborn as sns
2  sns.set_style('ticks')
3  dataset = sns.load_dataset('tips')
4  ax = sns.pointplot('day', 'total_bill', hue='sex', data=dataset,
       dodge=True)
5  ax.set_ylim([10,30])
6  ax.set_yticks([10,20,30])
7  ax.set_yticklabels(['low','mid','high'])
8  ax.invert_yaxis()
```

コード 9.2 では，3 行目までで seaborn の import，'ticks' スタイルの適用，データセットの準備を行っている．4 行目の pointplot() でグラフを描いているが，今までと異なるのは pointplot() の戻り値を ax という変数に代入している点である．pointplot() のヘルプドキュメントを確認すると，以下のように戻り値は matplotlib の Axes オブジェクトであることがわかる．

```
1  Returns
2  -------
3  ax : matplotlib Axes
4      Returns the Axes object with the boxplot drawn onto it.
```

4 行目で変数 ax に Axes オブジェクトを格納したので，以後は ax.f() という形で f() というメソッドを実行できる．5 行目の set_ylim() は，Y 軸の範囲を変更するメソッドである．引数は下端，上端の値を並べたシーケンスである．

6 行目の set_yticks() は，Y 軸の目盛の位置を変更するメソッドである．引数は目盛を付ける Y の値を並べたシーケンスである．この例では 10, 20, 30 と等間隔の

表 9.7　軸範囲と目盛に関する Axes のメソッド

メソッド	説明
set_xlim()	X 軸の範囲を (最小値, 最大値) の形式のシーケンスで指定する.
set_ylim()	Y 軸の範囲を (最小値, 最大値) の形式のシーケンスで指定する.
set_xticks()	X 軸の目盛をシーケンスで指定する.
set_yticks()	Y 軸の目盛をシーケンスで指定する.
set_xticklabels()	X 軸の目盛に付けるラベルをシーケンスで指定する.
set_yticklabels()	Y 軸の目盛に付けるラベルをシーケンスで指定する.
invert_xaxis()	X 軸を反転する.
invert_yaxis()	Y 軸を反転する.

目盛を付けているが，10, 15, 30 のように不等間隔の目盛を付けることも可能である．10, 30, 20 のように数値が昇順に並んでいない目盛を指定してもエラーにならないが，次に述べるラベル付けの時に混乱の原因となるので，慣れないうちは避けた方がよい．

7 行目の set_yticklabels() は，Y 軸の目盛に付けるラベルを変更するメソッドである．引数はラベルを並べたシーケンスで，この例のように文字列を指定することもできる．Y 軸上の目盛の個数とラベル数は一致していなくてもエラーにはならず，ラベルの方が足りない場合は残りの目盛はラベルなしとなり，ラベルの方が多い場合は余剰なラベルが描画されない．set_yticks() で数値が順番に並んでいない目盛を指定した場合，set_yticks() の N 番目の要素のラベルが set_yticklabels() の N 番目の要素となる．すなわち，以下のように記述すると，描画されたグラフでは $y=1$ のラベルが a, $y=2$ で c, $y=3$ が b となる．

```
1 ax.set_yticks([1, 3, 2])
2 ax.set_yticklabels(['a', 'b', 'c'])
```

8 行目の invert_yaxis() は Y 軸の向きを反転する．引数は必要ない．以上はすべて Y 軸を操作するメソッドだったが，X 軸を操作する場合は set_xlim(), set_xticks(), set_xticklabels(), invert_xaxis() というメソッドを用いる．以上のメソッドをまとめたものを表 9.7 に示す．

軸に関しては他にも図 9.8 左のように X 軸と Y 軸が交わる座標を指定したいという要望があると思うが，こちらは少々複雑である．Axes オブジェクトに spines というデータ属性があり，ここに各軸に対応する Spine というオブジェクトが dict 形式 (正確には OrderedDict) で格納されている．'left', 'right', 'bottom', 'top' というキーを使ってそれぞれ左，右，下，上の軸にアクセスすることができる．Spine には set_position() というメソッドがあり，これを用いて X 軸と Y 軸の交点を設定できる．具体例を見てみよう．

コード 9.3　X 軸と Y 軸の交点の調整

```
1 import seaborn as sns
2 sns.set_style('ticks')
3 dataset = sns.load_dataset('tips')
```

```
4  ax = sns.pointplot('day', 'total_bill', hue='sex', data=dataset,
       dodge=0.25)
5  ax.spines['bottom'].set_position(('data', 16.0))  ← この文で調整
6  sns.despine()
```

4行目まではコード9.2と同じである．5行目は ax.spines['bottom'] で下の軸を表す Spine オブジェクトを取り出し，その set_position() メソッドを実行している．set_position() の引数はいろいろな指定方法があるが，ここでは ('data', 16.0) という値を指定している．第1要素の'data' は単位がデータ値であること，第2要素の 16.0 は軸を合わせる位置を表している．したがって，図9.8左のように Y 軸の値が 16.0 の位置に下の軸が置かれる．6行目の despine() は X 軸と Y 軸の交点の調整とは直接関係ないが，despine() を行わないと下側だけ枠線がないグラフとなってしまうので実行している．なお，この例では X 軸を動かしているが，Y 軸を動かしたい場合は ax.spines['left'] の set_position() を実行すればよい．

図9.8左のように X 軸を動かしてしまうのではなく，X 軸は下に置いたままで任意の位置に横線を引きたい場合は，Axes オブジェクトの axhline() が便利である．引数 y で横線の Y 座標，color で線の色，linewidth で線幅を指定できる．以下に例を示す．実行例は図9.8右である．

コード 9.4　グラフに横線を追加する

```
1  import seaborn as sns
2  sns.set_style('ticks')
3  dataset = sns.load_dataset('tips')
4  ax = sns.pointplot('day', 'total_bill', hue='sex', data=dataset,
       dodge=0.3)
5  ax.axhline(y=18.0, color='k', linewidth=1.2)  ← この文で追加
```

他にも引数 linestyle を用いて点線にしたり，xmin, xmax で横線の両端の X 座標を指定することもできる．詳しくは axhline() のヘルプドキュメントを参照してほしい．axhline() のヘルプドキュメントを閲覧するには，Spyder 上でコード9.4 を実行した後に help(ax.axhline) を実行するか，ヘルプペインで ax.axhline を調べればよい．

縦線を引く場合は axvline() を用いる．引数 y, xmin, xmax が x, ymin, ymax となる以外は axhline() と同様である．

9.7　軸ラベル，グラフタイトル，凡例の調節

グラフの X 軸，Y 軸に付けるラベルを変更したい場合も，Axes オブジェクトのメソッドで対応できる (表9.8)．X 軸のラベルを変更する場合は set_xlabel()，Y 軸の

9.7 軸ラベル，グラフタイトル，凡例の調節

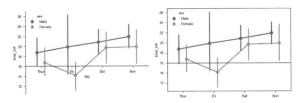

図 9.8　X 軸と Y 軸の交点の調整 (左) と横線の追加 (右)

表 9.8　軸ラベル，グラフタイトル，凡例に関する Axes のメソッド

set_xlabel()	X 軸のラベルに使用する文字列を指定する．labelpad という引数で，軸と軸ラベルの間のスペースを指定することもできる．
set_ylabel()	Y 軸のラベルに使用する文字列を指定する．labelpad という引数で，軸と軸ラベルの間のスペースを指定することもできる．
set_title()	グラフタイトルを文字列で指定する．引数 loc でタイトルの位置を指定できる．値は'left'，'center'，'right' のいずれかで，デフォルト値は'center' である．
legend()	グラフに凡例を付ける．引数については本文参照．

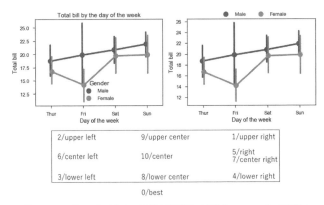

図 9.9　軸ラベル，グラフタイトル，凡例の調整例．下段は legend() の引数 loc に指定できる値を示している．

場合は set_ylabel() を用いる．いずれも引数にはラベルに使用する文字列を指定する．また，set_title() でグラフの上部にタイトルを付けることもできる．legend() では凡例に関する様々な設定を変更できる．以下に例を示す．実行結果は図 9.9 左上である．

コード 9.5　軸ラベル，タイトル，凡例の調整

```
import seaborn as sns
sns.set_style('ticks')
sns.set_context('talk')
```

```
4  dataset = sns.load_dataset('tips')
5  ax = sns.pointplot('day', 'total_bill', hue='sex', data=dataset,
       dodge=True)
6  ax.set_xlabel('Day of the week')
7  ax.set_ylabel('Total bill')
8  ax.set_title('Total bill by the day of the week')
9  ax.legend(loc='lower center', title='Gender')
```

1 行目から 5 行目までは前節と同様だが，文字を大きく出力するためにコンテキストを talk にしている．6 行目と 7 行目で X 軸，Y 軸のラベルを，8 行目でグラフタイトルを設定している．なお，ラベルやタイトルには LaTeX で数式を書くこともできる．例えば ax.set_title('\$\sum (x_i-\mu)^2/n\$') と書けばタイトルには $\sum(x_i - \mu)^2/n$ と表示される．詳しくは LaTeX の書籍などを参考にしてほしい．

9 行目の legend() は非常に多くの引数を持つメソッドで，本節ですべてを解説することはできない．多くは seaborn のグラフスタイルで調整できるので，ここでは凡例の位置を調整する loc という引数を取り上げる．loc には，凡例の位置を数値，文字列あるいは座標を表すシーケンスを指定する．図 9.9 下に数値または文字列を用いる場合に指定できる値を示す．例えば左上に 2/upper left と記してあるが，これは loc=2 または loc='upper left' とすると左上に凡例が描かれることを示している．5/right は 7/center right と同じ位置 (中央右) を表しているが，これは過去のバージョンの matplotlib で中央右を 5/right で表していた名残である．0/best を指定すると描画時に自動的に凡例の位置が決定される．数値と文字列のどちらを使ってもよいが，文字列で指定した方が位置がわかりやすいだろう．引数 title には，凡例に付けるタイトルを文字列で指定する．

凡例の位置をさらに細かく調整したい場合は，loc に凡例の左下の角の X 座標，Y 座標を並べたシーケンスを指定する．ただし，X 座標，Y 座標はグラフの左下を (0, 0)，右上を (1, 1) とする相対値である．座標値に負の値や 1.0 以上の値を指定すると，グラフの外に凡例を置くことも可能である．以下に例を示す．

コード 9.6　凡例をグラフの外に置く

```
1  import seaborn as sns
2  sns.set_style('ticks')
3  sns.set_context('talk')
4  dataset = sns.load_dataset('tips')
5  ax = sns.pointplot('day', 'total_bill', hue='sex', data=dataset,
       dodge=True)
6  ax.set_xlabel('Day of the week')
7  ax.set_ylabel('Total bill')
8  ax.legend(loc=(0.25,1), ncol=2)
```

7 行目まではコード 9.5 と同じである．8 行目で loc=(0.25, 1) として，凡例の左

下の角がグラフの上端と一致するように設定している．結果として，図 9.9 右上のように凡例がグラフの外に描かれる．ncol は凡例を何列に描画するかを指定する引数で，8 行目では 2 列に指定している．このグラフには Male と Female の 2 系列しか存在していないので，2 列に指定すると 1 行 2 列となり図 9.9 右上のように描画される．

なお，以上の Axes オブジェクトのメソッドを IPython コンソール上で 1 文ずつ行うと，結果のグラフが出力されない．調整結果を出力させるには，ax.figure と入力すればよい．データ属性 figure には当該 Axes オブジェクトを含む Figure オブジェクトが格納されているので，IPython 上で評価すればグラフが出力されるというわけである．便利なのでぜひ覚えておきたい．

10 複合的なグラフを作成する

10.1 左右の Y 軸に異なるデータをプロットする

X 軸の値は共通だが Y 軸の値が異なる 2 つのグラフを合成して，図 10.1 左のように左右の Y 軸が異なるグラフが描かれることがある．seaborn でこのようなグラフを描くには，Axes オブジェクトの twinx() というメソッドを使用する．以下に twinx() の使用例を示す．

コード 10.1　左右に異なる Y 軸を設ける

```
1  import seaborn as sns
2  dataset = sns.load_dataset('tips')
3  ax1 = sns.pointplot(x='day', y='total_bill', hue='smoker',
       data=dataset, dodge=True)
4  ax1.set_ylim([0,30])
5  ax1.set_yticks(list(range(10,35,5)))
6  ax1.legend(title='smoker/total_bill', loc=[0.1, 0.8])
7  ax2 = ax1.twinx()
8  sns.countplot(x='day', hue='smoker', data=dataset, ax=ax2)
9  ax2.set_ylim([0,100])
10 ax2.set_yticks(list(range(0,70,10)))
11 sns.despine(right=False)
12 ax2.legend(title='smoker/count', loc=[0.5, 0.8])
```

1 行目と 2 行目で seaborn とデータセットの準備をした後，3 行目で pointplot()

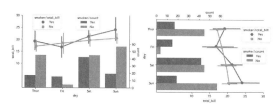

図 10.1　twinx() による左右に Y 軸を持つグラフ (左) と twiny() による上下に X 軸を持つグラフ (右).

を実行して折れ線グラフを描いて戻り値の Axes オブジェクトを変数 ax1 に格納している．その後，4 行目から 6 行目で Y 軸の範囲，目盛と凡例を調整している．ここまでは前章までのグラフ描画の手順と同じで，左側に軸を持つグラフが作成される．

続く 7 行目がこのコードの鍵である．この行では ax1 の twinx() を実行している．変数 ax2 に代入されている戻り値は新しい Axes オブジェクトで，右側に Y 軸を持っている．この Axes オブジェクトにグラフをプロットすれば，左右に Y 軸を持つグラフが完成する．

問題はどのように ax2 にグラフを描画するかだが，ここで 6.1 節 (表 6.1, p.65) で未解説の引数 ax の出番である．引数 ax は，グラフを描画する Axes オブジェクトを指定する．コード 10.1 の 8 行目のように countplot() の引数に ax=ax2 と指定することによって，ax2 に描画することができるのである．

9 行目以降はグラフの調整で特に新しい点はないが，1 つだけ注意すべき点は凡例である．twinx() を使う方法は 2 つのグラフを重ねて描画しているので，両方のグラフで凡例を描画すると凡例が 2 つになってしまう．グラフ描画関数の側で凡例の有無を指定できるならば一方のグラフで凡例をなしにすればよいが，できない場合はこの例のように凡例の位置やタイトルを調節するか，以下のように Axes オブジェクトの legend_ というデータ属性に格納された Legend オブジェクトの remove() メソッドを実行してどちらかの Axes の凡例を削除する．legend_ の _ を忘れないように注意すること．

```
1 ax2.legend_.remove()
```

上下に X 軸を持つ横向きのグラフを描きたい場合は，Axes オブジェクトの twiny() というメソッドを用いる．Y 軸に対する操作が X 軸に対する操作となる以外は，コード 10.1 の手順と同様である．最初に描画したグラフの X 軸が下側となり，twiny() で追加した Axes が上側の X 軸となる．以下に例を示す．出力は図 10.1 右である．

コード 10.2　上下に異なる X 軸を設ける

```
1  import seaborn as sns
2  dataset = sns.load_dataset('tips')
3  ax1 = sns.pointplot(y='day', x='total_bill', hue='smoker',
       data=dataset, dodge=True, orient='h')
4  ax1.set_xlim([0,30])
5  ax1.set_xticks(list(range(10,35,5)))
6  ax1.legend(title='smoker/total_bill', loc=[0.8, 0.7])
7  ax2 = ax1.twiny()
8  sns.countplot(y='day', hue='smoker', data=dataset, ax=ax2)
9  ax2.set_xlim([0,100])
10 ax2.set_xticks(list(range(0,70,10)))
11 sns.despine(top=False)
```

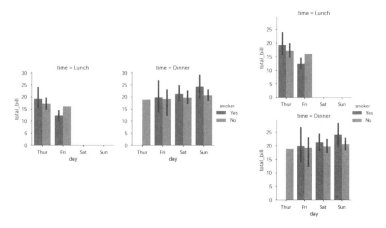

図 10.2 factorplot() の使用例. 左は col, 右は row を指定したもの.

```
12 | ax2.legend(title='smoker/count', loc=[0.8, 0.4])
```

10.2 データをカテゴリで分割して複数のグラフに割り当てる

前章まで紹介してきた seaborn のグラフ描画関数の多くでは hue という引数を用いてカテゴリ別にデータをプロットすることができた. しかし, tips データセットにおいて smoker(Yes/No), time(Lunch/Dinner) 別に曜日毎の total_bill の値をプロットしたいといった場合には hue だけでは足りない. このような時に便利なのが seaborn の factorplot() である. factorplot() には他の seaborn のグラフ描画関数と同様の x, y, hue, data の引数に加えて, col および row が用意されている. col または row にカテゴリカルな変数を指定すると, その変数の値に応じてデータを分割してグラフを描いてくれる. 言葉では説明しにくいので, 具体例を見てみよう.

```
1 | sns.factorplot(x='day', y='total_bill', hue='smoker', col='time',
     data=dataset, kind='bar')
```

この例では hue に smoker, col に time を割り当てている. 実行すると time の値でデータセットが分割され, 図 10.2 左のように time=Lunch と time=Dinner のグラフが横方向に並んで描かれる. なお, 引数 kind は第 6 章の jointplot() や pairport() と同様にグラフの種類を指定するものである. 他に指定できる種類については表 10.1 参照のこと.

以下のように col ではなく row に time を割り当てると, 図 10.2 右のように time=Lunch と time=Dinner のグラフが縦に並んで出力される.

10.2 データをカテゴリで分割して複数のグラフに割り当てる

表 10.1 `factorplot()` の主な引数

col_order	列方向の変数の順序をシーケンスで指定する．シーケンスに含まれない水準はグラフに描かれない．
row_order	行方向の変数の順序をシーケンスで指定する．シーケンスに含まれない水準はグラフに描かれない．
kind	グラフの種類を'point'，'bar'，'count'，'box'，'violin'，'strip' のいずれかで指定する．デフォルト値は'point'．
size	各グラフの大きさ (高さ) をインチで指定する．デフォルト値は 4．
aspect	各グラフのアスペクト比を指定する．1.0 より大きければ横長になる．デフォルト値は 1．
legend	True なら凡例を出力する．デフォルト値は True．
legend_out	True ならグラフの右側にスペースを確保してそこに凡例を出力する．デフォルト値は True．
sharex	True なら同じ列で X 軸の軸範囲を共有する．デフォルト値は True．
sharey	True なら同じ列で Y 軸の軸範囲を共有する．デフォルト値は True．

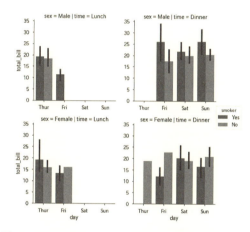

図 10.3 `factorplot()` で row と col を同時に指定した例．

```
sns.factorplot(x='day', y='total_bill', hue='smoker', row='time',
    data=dataset, kind='bar')
```

col と row は同時に指定することもできる．その場合，col に指定した変数が列方向，row に指定した変数が行方向に並んだグラフが描かれる．以下のように col に time，row に sex を指定した結果を図 10.3 に示す．グラフのタイトルに"sex = Male |time = Dinner"と書かれているのは，「変数 sex の値が Male かつ変数 time の値が Dinner」のデータのプロットであることを示している．

```
sns.factorplot(x='day', y='total_bill', hue='smoker', row='sex',
    col='time', data=dataset, kind='bar')
```

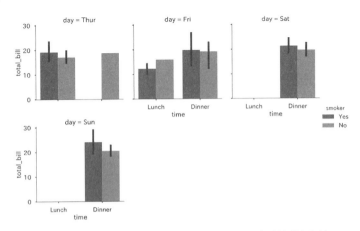

図 10.4 col_wrap=3 を指定して 4 水準の col を 3 列で折り返した例.

col_wrap という引数を用いると，最大の列数を指定することができる．col に指定された変数の水準数が col_wrap より多い時には，指定された列数におさまるように折り返される．以下の例では col='day' を指定して曜日毎 (Thur, Fri, Sat, Sun の 4 水準) にグラフを分割しているが，col_warp=3 が指定されているので折り返されて 3 列で出力される (図 10.4)．なお，col_wrap は row と同時に指定するとエラーとなる．

```
1  sns.factorplot(x='time', y='total_bill', hue='smoker', col='day',
       data=dataset, kind='bar', col_wrap=3)
```

factorplot() の戻り値は seaborn.axisgrid サブモジュールの FacetGrid というオブジェクトで，axes というデータ属性に各グラフへの Axes オブジェクトのシーケンス [1] を保持している．Axes オブジェクトの並び順は col のみを指定した場合は左から右へ，row のみを指定した場合は上から下である．row と col を両方指定した場合は二次元のシーケンスとなっている．例えば以下のようにすると，変数 ax_r0c1 には行のインデックス 0，列のインデックス 1 にあたる Axes オブジェクトが代入される．言い換えると，1 行目かつ 2 列目のグラフに対応する Axes オブジェクトである．

```
1  grid = sns.factorplot(x='day', y='total_bill', hue='smoker',
       row='sex', col='time', data=dataset, kind='bar')
2  ax_r0c1 = grid.axes[0][1]
```

その他の主な factorplot() の引数を表 10.1 に示す．order や hue_order, orient などの引数は第 6 章の seaborn の関数と同様に使用できる．

---

[1] 正確には numpy.ndarray オブジェクト

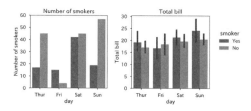

図 10.5　グラフの種類や X 軸，Y 軸が共通ではないグラフを並べて描画した例．

10.3　別個のグラフを 1 つの Figure にプロットする

factorplot() ではグラフの種類や X 軸，Y 軸に割り当てられる変数はすべてのグラフで共通しているが，別々の種類や変数を割り当てたい場合もあるだろう．例えば図 10.5 では tips データセットを用いて左に「各曜日の喫煙者，非喫煙者数」のグラフ，右に「各曜日の喫煙者，非喫煙者別の請求額」のグラフを描いている．X 軸は共通しているが，Y 軸とグラフの種類が異なる．

前節までのグラフはすべて seaborn の関数を使って間接的に Figure と Axes を作成していたが，図 10.5 のようなグラフを描くには Figure と Axes をユーザーが自分で作成する必要がある．Figure と Axes の作成には matplotlib.pyplot というサブモジュールを使用すると便利である．公式ドキュメントのサンプルでは matplotlb.pyplot を plt という名前で import しているので，本書でもそれに従う．

```
In [1]: import matplotlib.pyplot as plt
```

空っぽの Figure を作成するには，pyplot の figure() という関数を用いる．表 10.2 に主な引数を示す．引数を省略すると，rcParams の設定通りの図の大きさや dpi で図が作成される．

```
In [2]: fig = plt.figure()
```

作成した Figure オブジェクトに Axes オブジェクトを追加するには add_axes()，add_subplot() などのメソッドを用いる．add_axes() を用いると Figure 内における Axes の上下左右の辺の位置を指定できるのだが，本節では Axes をグリッド状に並べて作成してくれる add_subplot() を紹介しよう．add_subplot() は 3 つの引数を与えると，第 1 引数の行数，第 2 引数の列数だけの Axes が並べられるように Axes の大きさや位置を決定し，第 3 引数に指定した位置に置かれる Axes オブジェクトを返す．第 3 引数は左上の Axes から横書きの日本語の文を読む順番で数えていく．以下の例では，2 行 3 列に並べた Axes の 5 番目の Axes を返す．左上から数えるのだから，2 行目の中央の Axes が得られる．

表 10.2 figure() の主な引数

figsize, dpi	図の大きさと dpi を指定する．省略すると rcParams の設定に従う．
num	図に付ける番号または名前 (文字列) を指定する．この値は作成後の Figure オブジェクトの number というデータ属性に保持され，複数の Figure オブジェクトを使い分ける際の識別に役立つ．すでに作成済みの Figure で使用されている値を指定すると，その Figure が返される．出力されるグラフのタイトルに反映されるわけではない点に注意．省略すると number は 0 となる．
clear	図の内容を消去する．num と組み合わせて使用すると便利．

```
1 In [3]: ax = fig.add_subplot(2,3,5)
```

気を付けないといけないのが，Python のシーケンスにおけるインデックスとは異なり，最初の Axes が 1 だという点である．3 つの数値を指定する他にも，3 桁の数値 1 つで指定する方法もある．

```
1 In [4]: ax = fig.add_subplot(336)
```

この場合，3 桁の数値の 100 の位が行数，10 の位が列数，1 の位が Axes の位置となる．436 と指定すれば 4 行 3 列 (の 6 番目) に配置することは可能だが，1 の位を 9 以上にはできないので 10 番目 (4 行目左端) より先の Axes をこの方法で得ることはできない．Axes の個数が 10 以上となる場合は，3 つの引数を指定する方法を用いて add_subplot(4,3,10) などとしなければならない．

以上を踏まえて，図 10.5 のグラフを描くスクリプトを見てみよう．

コード 10.3　2 つの独立したグラフを 1 つの Figure に描く

```
1  import seaborn as sns
2  import matplotlib as mpl
3  import matplotlib.pyplot as plt
4  dataset = sns.load_dataset('tips')
5  mpl.rcParams['figure.figsize'] = [8,4]
6  sns.set_context('talk')
7
8  fig = plt.figure()
9  ax1 = fig.add_subplot(1,2,1)
10 ax2 = fig.add_subplot(1,2,2)
11 sns.countplot(x='day', hue='smoker', data=dataset, ax=ax1)
12 sns.barplot(x='day', y='total_bill', hue='smoker', data=dataset,
       ax=ax2)
13 ax1.set_title('Number of smokers')
14 ax1.set_ylabel('Number of smokers')
15 ax1.legend_.remove()
16 ax2.set_title('Total bill')
17 ax2.set_ylabel('Total bill')
18 ax2.legend(loc=[1.1, 0.5], title='smoker')
19 fig.tight_layout()
```

10.3 別個のグラフを1つのFigureにプロットする

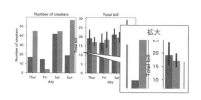
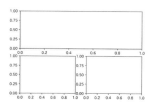

図 10.6　左：tight_layout()を使わなかった時の出力例．右のグラフのY軸のラベルが左のグラフに重なっている．右：add_subplot()で異なる行数，列数を組み合わせる例．

3行目でpyplotサブモジュールをpltの名前でimportしていることを除くと，6行目までは特に新しいことはない．8行目でFigureオブジェクトを作成して変数figに代入し，9行目と10行目で左右に2つ並んだ(すなわち1行2列の) Axesを作成してax1, ax2に代入している．あとは今までと同じようにax1, ax2にグラフを描き，必要に応じて軸ラベルや目盛を調節すればよい．最後の19行目に初めて登場するtight_layout()というFigureオブジェクトのメソッドが使われているが，これは隣り合うグラフの軸ラベルなどが重なり合わないようにAxesの大きさを自動調整するメソッドである．最初にadd_subplot()でAxesを配置する時には軸ラベルの大きさなどが考慮されないので，調整を行わないと図10.6左のように隣り合うグラフが一部重なり合ってしまう．tight_layout()を実行するとこの問題が解消される．

なお，add_subplot()を複数回実行してAxesオブジェクトをFigureに配置する際に，行数および列数に異なる数を指定してもエラーにはならない．このことを利用すると，以下のようなコードを書いて図10.6右のようなレイアウトにすることも可能である．

```
1  ax_top = fig.add_subplot(2,1,1)
2  ax_bottomleft = fig.add_subplot(2,2,3)
3  ax_bottomright = fig.add_subplot(2,2,4)
```

この他にも，ここでは例を示さないが，意図的にAxesが重なり合うように指定することも可能である．Axesが重なり合う場合は，後から配置したAxesの方が上になる(先に配置したAxesを覆い隠す)ように描かれる．

add_subplot()だけでもいろいろなレイアウトを実現することが可能だが，微妙な調整をするためにグラフを1枚ずつ出力して画像編集ソフトで並び替えたい場合もあるだろう．次章では，作成したグラフをファイルに保存する方法を紹介する．

11 グラフをファイルに保存する

11.1 手作業でグラフを保存する

Spyderで作業しているならば，seabornで描いたグラフの保存は簡単にできる．図11.1のように，グラフ上にマウスカーソルを合わせてマウスの右ボタンをクリックし，メニューから Save Image As... という項目を選択すればよい．他のアプリケーションと同様のファイル保存のダイアログが表示されるので，保存場所を選んで名前を指定して保存することができる．保存される画像ファイルの幅，高さを調節するには，9.2節で解説した figure.figsize と figure.dpi を変更すればよい．ただし，9.2節で述べた通り，保存された画像ファイルの解像度は figure.figsize と figure.dpi の設定から計算した値とは一致しない場合がある．

9.5節で紹介した別ウィンドウへのグラフの出力を用いると，インタラクティブに(すなわち出力されるグラフを確認しながら) グラフの大きさを調整できる．図11.2に別ウィンドウにグラフを出力した例を示す．グラフに加えて，ウィンドウの上部または下部にアイコンが並んだツールバーが表示されている．ツールバーが上下のどちら側にあるかや，アイコンの絵柄は matplotlib のバージョンや使用しているバックエンド (7.1節) によって異なるが，アイコンの並び順は基本的に同じである．ウィンドウの大きさを変更するとグラフもそれに合わせて大きさが変化するので，簡単に好み

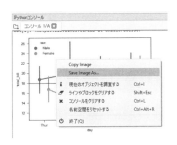

図 11.1 IPython コンソール上に出力されたグラフを画像として保存．

11.1 手作業でグラフを保存する

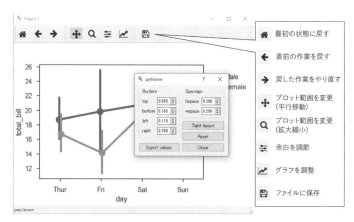

図 11.2 別ウィンドウに出力されたグラフを保存.

の大きさに調節することができる．調整が済んだらツールバーの右端のアイコンをクリックすれば，グラフを画像として，名前を指定して保存することができる．

さらに，別ウィンドウに出力したグラフを保存する方法が，IPython コンソール上に出力されたものを右クリックして保存する方法より優れているもう 1 つの点として，画像の保存形式を柔軟に指定できることが挙げられる．IPython コンソール上に出力されたものを右クリックして保存する場合は PNG 形式でしか保存できないが[1]，別ウィンドウに出力したグラフを保存する場合は PNG，PDF，EPS，SVG などの形式を選択することができる．

別ウィンドウに出力したグラフを保存する方法の問題点は，seaborn のコンテキストなどで文字サイズを大きくした時や，凡例をグラフ外に配置した場合などに，軸ラベルや凡例が画像の端で部分的に切れてしまったり，完全に画像外にはみ出てしまったりすることである．このような場合には 10.3 節の `tight_layout()` が有効だが，別ウィンドウにグラフを出力している場合はインタラクティブに調整することも可能である．まず，ツールバーの左から 6 番目のアイコン (図 11.2 で「余白を調節」と記したアイコン) をクリックする．図 11.2 のグラフ上にあるダイアログが表示されて，Borders の top, bottom, left, right の値を調整することによって軸ラベルや凡例を画像内にきちんとおさめることができる．これらの数値はウィンドウ内におけるグラフの上端，下端，左端，右端の相対的な位置を 0.0 から 1.0 の間で表しているので，top と right は値を小さく，bottom と left は値を大きくすると軸ラベルなどをおさめるスペースが広がる．

---

[1] IPython コンソールの設定の「グラフィックス」タブの「インラインのバックエンド」で SVG 形式に変更すれば SVG 形式で保存することも可能である．

表 11.1 savefig() の主な引数

fname	保存先のファイル名．拡張子から自動的に保存形式が決定される．この引数は省略できない．
dpi	dpi を指定する．何も指定しなければ rcParams の設定に従う．
bbox_inches	保存する範囲を指定する．'tight' を指定するとグラフ全体をぴったりおさめる範囲に自動調節される．
pad_inches	bbox_inches='tight' を指定した際に確保する図の周辺の余白を指定する．デフォルト値は 0.1 で，単位はインチ．
transparent	True ならば背景が透明な画像を出力する．デフォルト値は False．

11.2 グラフを保存するスクリプトを書く

グラフの保存は前節のような手作業での方法の他にも，Figure オブジェクトの savefig() というメソッドを用いる方法もある．10.3 節の方法で Figure オブジェクトを作成して fig という変数に格納しているならば，fig.savefig() として実行することができる．Figure オブジェクトを変数に格納していなくても，Axes オブジェクトを変数に格納していればデータ属性 figure を用いて Figure オブジェクトにアクセスできる．つまり，変数 ax に Axes オブジェクトが格納されているならば，ax.figure.savefig() とすればよい．

表 11.1 に savefig() の主な引数を示す．第一引数は fname で，保存するファイル名を指定する．この引数はデフォルト値がなく，省略することはできない．ファイル名には相対パス，絶対パス共に使用できる．

保存ファイルの形式は，保存ファイル名の拡張子によって決定される．.png という拡張子を付ければ PNG 形式，.svg という拡張子ならば SVG 形式といった具合である．対応していない拡張子を指定すると，以下のようなエラーメッセージが表示される．

```
1  In [1]: ax.figure.savefig('data01_plot.jpg')
2  Traceback (most recent call last):
3
4  (中略)
5
6  ValueError: Format "jpg" is not supported.
7  Supported formats: eps, pdf, pgf, png, ps, raw, rgba, svg, svgz.
```

最後の行に Supported formats，すなわち対応している拡張子が列挙されているので，これらの中から選べばよい．

それでは，グラフの描画から保存までを行うスクリプトの例を挙げよう．標題に「(失敗)」とついている通り問題が生じるのだが，まずは実行してみて何が生じるか確認し

てほしい．保存するファイル名のパス (最終行の savefig() の引数) は必要に応じて変更すること．

コード 11.1　スクリプトでグラフを保存する (失敗)
```
1 import seaborn as sns
2 import matplotlib as mpl
3 sns.set_style('ticks')
4 sns.set_context('talk')
5 mpl.rcParams['figure.dpi'] = 100
6 mpl.rcParams['figure.figsize'] = [6.0, 4.0]
7 dataset = sns.load_dataset('tips')
8 ax = sns.pointplot('day', 'total_bill', hue='sex', data=dataset)
9 ax.figure.savefig('plot01.png')
```

実行結果を図 11.3 左に示す．前節で別ウィンドウにグラフを出力した時と同様に，軸ラベルが画像からはみ出してしまっている．保存された画像ファイルの解像度を確認すると，幅 600 ピクセル×高さ 400 ピクセルであり，5 行目および 6 行目で指定した dpi と図の大きさの設定から予想される値とぴったり一致していることがわかる [*2)]．つまり，画像ファイルの解像度としては rcParams の設定通りに正しく出力されているのだが，軸ラベルなどが適切に配慮されていないのではみ出してしまっているのである．

軸ラベルなどをきちんと図の中におさめるには，savefig() の実行前に 10.3 節の tight_layout() を実行するか，savefig() の引数 bbox_inches を利用する．bbox_inches には本来 matplotlib の BBox オブジェクトというものを指定するのだが，'tight' という文字列を指定すると保存前に tight_layout() と同様の調整が行われる．実際にコード 11.1 の最終行 (9 行目) を以下のように書き換えて実行してみよう．パスは必要に応じて指定すること．

コード 11.2　コード 11.1 の修正 (その 1)
```
1 ax.figure.savefig('plot02.png', bbox_inches='tight')
```

出力結果は図 11.3 右である．tight_layout() を使用する場合は，コード 11.1 の最終行 (9 行目) を以下の 2 行に置き換える．パスは必要に応じて変更すること．

コード 11.3　コード 11.1 の修正 (その 2)
```
1 ax.figure.tight_layout()
2 ax.figure.savefig('plot03.png')
```

こちらの方法でも同様の出力が得られる．両者の方法の違いは，savefig() に bbox_inches='tight' を指定する方法では保存された画像の解像度が rcParams

---

[*2)] 幅は 6.0 インチ× 100dpi なので 600 ピクセル．

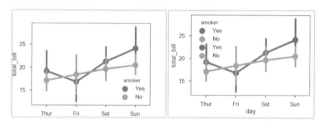

図 11.3　savefig() の引数 bbox_inches の効果．左は指定なしの場合で，X 軸のラベル (day) が図の外にはみ出してしまって表示されていない．右は'tight' を指定した場合で，X 軸のラベルが適切に表示されている．

の figure.dpi および figure.figsize から計算される大きさと異なる点にある．tight_layout() を行ってから savefig() をする方法では，計算通りの解像度となる．

表 11.1 には他に dpi, pad_inches, transparent の引数を挙げているが，dpi と pad_inches については表に書いてある以上の説明は不要だろう．transparent は，グラフの画像ファイルを別の画像ファイル (例えば web ページの背景画像) と重ね合わせた時に背後の画像が透けて見えるようにしたい場合に使用する．

11.3　複数のデータファイルから自動的にグラフを描いて保存する

スクリプトを用いたグラフの保存が威力を発揮するのは，調査対象や調査年別に保存されたデータファイルのそれぞれに対してグラフを描く必要があるような場合である．例えば過去 30 年間にわたって毎日計測された気象データがあり，調査年毎に 2017.csv，2016.csv,... というように調査年をファイル名とした CSV 形式で保存されているとする．これらのファイルを順番に読み込んで，各年の月別平均気温のグラフを作成したい．ただし，調査月は month，気温は temp という列に入力されているとする．

前章までの知識をもってすれば簡単な作業だが，30 個ものファイルに対して作業を繰り返すのは面倒である．一度すべてのグラフを完成させた後になってから修正しなければいけなくなった時などは特に面倒だろう．こういった時に，スクリプトでグラフを作成，保存するようにしておけば，スクリプトのわずかな変更だけですべてのグラフの修正ができる．以下のコードを見てみよう．

コード 11.4　複数のデータファイルを自動的に読み込んでグラフを作成

```
1  import matplotlib.pyplot as plt
2  import pandas as pd
3  import seaborn as sns
4
5  fig = plt.figure()
6  for year in range(1988, 2018):
```

11.3 複数のデータファイルから自動的にグラフを描いて保存する

```
 7    data_filename = str(year)+'.csv'
 8    fig_filename = str(year)+'.png'
 9    dataset = pd.read_csv(data_filename)
10    fig.clear()
11    sns.pointplot(x='month', y='temp', data=dataset)
12    fig.savefig(fig_filename)
```

9行目でデータファイルを読み込み，11行目でグラフを描画して12行目でファイルに保存している．これらの作業を for 文 (6行目) のブロックに入れて繰り返すというコードである．

ポイントは5行目の Figure オブジェクトの作成と，10行目の Figure オブジェクトの clear() というメソッドである．clear() は Figure オブジェクトに描画したグラフを消去するメソッドで，これを実行しておかないと for 文で pointplot() を実行するたびに新たなグラフが重ね描きされてしまう．for 文の中で fig = plt.figure() を実行して毎回 Figure オブジェクトを作成しても重ね描きを避けることができるが，大量に Figure オブジェクトを作成すると以下のような警告メッセージが表示される．

```
1  C:\Users\User\Anaconda3\lib\site-packages\matplotlib\pyplot.py:523:
   RuntimeWarning: More than 20 figures have been opened. Figures
   created through the pyplot interface ('matplotlib.pyplot.
   figure') are retained until explicitly closed and may consume
   too much memory. (To control this warning, see the rcParam
   'figure.max_open_warning'). max_open_warning, RuntimeWarning)
```

要約すると，pyplot で Figure オブジェクトを大量に作成するとメモリーを消費しすぎるということである．また，「rcParam の figure.max_open_warning でこの警告をコントロールできる」と書いてあるが，これは警告を発する図の個数 (この例では20個) が figure.max_open_warning で決定されているという意味である．今回のスクリプトでは保存し終えたグラフは不要なのだから，Figure オブジェクトは for 文の外で1回だけ作成してグラフを描く直前に clear() する方が効率がよい．グラフを描く前に clear() するためには Figure オブジェクトが存在していなければいけないので，5行目で前もって Figure オブジェクトを作成しているというわけである．

さて，コード 11.4 では読み込むデータファイルの名前が 2017.csv, 2016.csv,... という連番の数字となっていたので，6行目で range() を用いて数字を生成している．そして7行目および8行目では，数値を文字列に変換する str() という関数を使用して，データファイル名と保存ファイル名を生成している．今回の例では数値がすべて4桁だったのでこれで問題ないが，ファイル名が 0001.csv, 0002.csv,... という連番であった場合は同様に str() を使うと 1.csv, 2.csv,... となってしまう．このことは IPython コンソールで以下のように入力すれば簡単に確認できる．

```
1 | In [1]: str(0001) + '.csv'
2 | Out[1]: '1.csv'
```

Python の文字列には，このような時に非常に便利な format() というメソッドが用意されている．次節では format() の使い方を解説しよう．

11.4　format() で数値を文字列へ柔軟に変換する

format() は文字列の中に値を埋め込むメソッドである．'{}月' のように '{}' を含む文字列に対するメソッドとして呼び出すと，引数に与えられた値を '{}' の位置に埋め込んだ文字列が得られる．

```
1 | In [2]: '{}月'.format(7)
2 | Out[2]: '7月'
```

format() は 1 個以上の任意の引数を受け取ることができる．各引数の値が，文字列の中に {} が出現した順番に割り当てられる．

{} の中に数値を書くと，その数値をインデックスとしてどの引数の値をその位置に埋め込むかを指定できる．{} 内に引数名を書くとキーワード引数を参照できる．

```
1 | In [3]: '{}年{}月'.format(2018, 12) # 引数が順番に割り当てられる
2 | Out[3]: '2018年 12月'
3 |
4 | In [4]: '{1}/{0}'.format(2018, 12) # インデックスによる指定
5 | Out[4]: '12/2018'
6 |
7 | In [5]: '{month}/{year}'.format(year=2018, month=12) # キーワード引数
8 | Out[5]: '12/2018'
```

引数にシーケンスがある場合，[] を使ってシーケンス内の要素を指定できる．この記法を使う場合は，どの引数から要素を取り出すかを示すためにインデックスまたキーワードで引数を明記しなければならない．インデックス 0 の引数に指定されたシーケンスのインデックス n の要素を取り出すには 0[n] と書く．以下に例を示す．

```
1 | In [6]: '{0[0]}年{0[1]}月'.format([2018, 12, 1])
2 | Out[6]: '2018年 12月'
```

キーワード引数の場合は以下のように，キーワードに [] を添えればよい．

```
1 | In [7]: '{column} of {date[1]}/{date[0]}'.format(date=[2018, 12],
  |         column='Sales')
2 | Out[7]: 'Sales of 12/2018'
```

以上の処理は + 演算子と str() を使っても可能だが，format() を使う利点は数値を

表 11.2 format() の主な書式指定子

桁揃え	
'<'	出力する文字数に余裕がある場合は左詰めにする.
'>'	出力する文字数に余裕がある場合は右詰めにする.
'^'	出力する文字数に余裕がある場合は中央寄せにする.
'='	数値型において,符号の後ろを埋める.
符号	
'+'	正の値と負の値の両方に符号を付ける.
'-'	負の値にのみ符号を付ける.符号を省略するとこちらの書式となる.
型 (整数)	
'b','d','o'	それぞれ 2 進数, 10 進数, 8 進数の整数.
'x' または'X'	16 進数の整数. 'x' なら出力に含まれるアルファベットは小文字.
型 (浮動小数点数)	
'e' または'E'	指数表記の小数. 'e' なら出力に含まれるアルファベットは小文字.
'f' または'F'	固定小数点表記の小数. 'f' なら出力に含まれるアルファベットは小文字.
'g' または'G'	数値に応じて固定小数点と指数表記を切り替える. 'g' なら出力に現れるアルファベットは小文字.
'%'	パーセント表記. 数値は 100 倍され, %付きの固定小数点表記となる.

どのように文字列化するかを詳しく指定できる点にある.表 11.2 に主な書式指定子 (format specifier) を示す.具体例として,円周率の近似値として用いられる 22÷7 を様々な形で出力してみよう.まずは通常に出力してみる.

```
1  In [8]: '{}'.format(22/7)
2  Out[8]: '3.142857142857143'
```

固定小数点表記で小数点以下 15 桁まで出力されている.これを小数点以下 4 桁までの出力に変更してみよう.表 11.2 より,固定小数点の小数を出力する時には f を用いる.桁数を指定するには,.4f のように f の前に小数点と桁数の値を指定する.引数のインデックスやキーワード引数と区別するために,書式指定の前には:を付ける.以上を合わせると,以下のような式となる.

```
1  In [9]: '{:.4f}'.format(22/7)  # 小数点以下 4桁の指定
2  Out[9]: '3.1429'
```

f の前に数値を置くと,全体の桁数を指定できる.全体の桁数の指定と小数点以下の桁数の指定を同時に行う場合には,10.4 のように小数点の前に全体の桁数 (この場合は 10),小数点の後ろに小数点以下の桁数 (この場合は 4) を指定する.

```
1  In [10]: '{:10f}'.format(22/7)   # 全体で 10桁
2  Out[10]: '  3.142857'
3
4  In [11]: '{:10.4f}'.format(22/7) # 全体と小数点以下の桁数の同時指定
5  Out[11]: '    3.1429'
```

このように，全体の桁数を指定すると，引数に与えられた数値ではすべての桁が数値で埋まらない場合がある．その際，デフォルトでは数値は右詰めで出力されるが，<で左詰め，^で中央寄せにできる．これらの記号は以下のように桁数指定の前に記述する．

```
1  In [12]: '{:<10.4f}'.format(22/7)   # 左寄せ
2  Out[12]: '3.1429    '
3
4  In [13]: '{:^10.4f}'.format(22/7)   # 中央寄せ
5  Out[13]: '  3.1429  '
```

標準では正の数には+符号が出力されないが，桁数指定の前に+を書くと正の数にも符号が付く．左寄せや中央寄せを指定する場合には，<や^と桁数指定の間に+を挿入する．左寄せなどの指定位置に=を書くと，数値は右寄せだが符号は左寄せとなり，符号と数値の間が空白文字で埋められる．

```
1  In [14]: '{:+10.4f}'.format(22/7)   # 正の数に+符号を表示
2  Out[14]: '   +3.1429'
3
4  In [15]: '{:=+10.4f}'.format(22/7)  # 符号と数値の間を空白文字で埋める
5  Out[15]: '+   3.1429'
```

桁数指定をした際に空白文字ではなく 0 で埋めたい場合は，桁数指定の最初に 0 を書く．

```
1  In [16]: '{:010.4f}'.format(22/7)   # 0で埋める
2  Out[16]: '00003.1429'
```

f の代わりに%を指定すると，引数に指定された値をパーセント表記する．

```
1  In [17]: '{:.2%}'.format(22/7)   # パーセント表記 小数点以下は2桁
2  Out[17]: '314.29%'
```

指数表現で出力するには f の代わりに e を用いる．g を使うと 6 桁の固定小数点で表現できる場合は固定小数点表現，できない場合は指数表現で出力される．g の切り替わりの桁数を指定するには，f で小数点以下の桁数を指定した時と同様に.3g などとする．

```
1  In [18]: '{:e}'.format(22/7)   # 指数表現
2  Out[18]: '3.142857e+00'
3
4  In [19]: '{:g}'.format(22/7)   # 自動選択 デフォルトでは6桁の固定小数点
5  Out[19]: '3.14286'
6
7  In [20]: '{:g}'.format(220000000/7)   # 6桁の固定小数点で表現できない値は
            指数表現に
```

11.4 format()で数値を文字列へ柔軟に変換する

```
8  Out[20]: '3.14286e+07'
9
10 In [21]: '{:.10g}'.format(220000000/7)   # 10桁に指定すると固定小数点で出
                                             力される
11 Out[21]: '31428571.43'
```

長くなったが最後に整数である．ここでは例として15を10進数，16進数，2進数で出力する．

```
1  In [22]: '{:d}'.format(15)   # 10進数
2  Out[22]: '15'
3
4  In [23]: '{:x}'.format(15)   # 16進数
5  Out[23]: 'f'
6
7  In [24]: '{:b}'.format(15)   # 2進数
8  Out[24]: '1111'
```

桁数の指定や右詰め中央寄せなどの指定は小数の場合と同様にできる．前節で問題となった0001.csv, 0002.csv,...というファイル名を生成するには，4桁の出力で空白を0で埋めればよいのだから，以下のように書けばよい．

```
1  In [25]: '{:04d}.csv'.format(15)   # 4桁で空白を0で埋める
2  Out[25]: '0015.csv'
```

format()の書式指定にはまだいくつか説明していないものが残っているが，これだけでも多くの状況に対応できるだろう．最後に，本節と6.4節のjointplot()の関係について触れておきたい．jointplot()にはannot_kwsという引数があったが，これはグラフに注釈(相関係数やp値など)を描くためにjointplot()の内部で用いられているannotate()というメソッドに渡す引数を指定するものである．annotate()にはfunc, template, stat, loc, **kwargsの引数があり，このうちtemplateが注釈の文字列の指定である．templateのデフォルト値はNoneだが，Noneを指定するとannotate()の内部で以下の文字列が設定される．

```
1  '{stat} = {val:.2g}; p = {p:.2g}'
```

そして，以下のように値が埋め込まれる．statというキーワード引数で統計量の名前，valというキーワード引数で相関係数の値，pというキーワード引数でp値が渡されていることがわかる．

```
1  '{stat} = {val:.2g}; p = {p:.2g}'.format(stat=stat, val=val, p=p)
```

以上を踏まえた上で，改めて6.4節で「相関係数の表示を"pearsonr=0.78"の代わりに"r=0.78"と表示する例」を見てみよう．

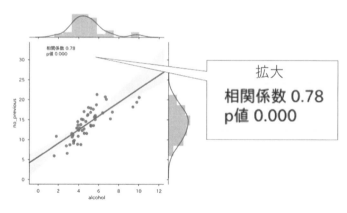

図 11.4 コード 11.5 の実行例

```
1  sns.jointplot('alcohol', 'no_previous', data=dataset,
       annot_kws={'stat':'r'})
```

まず，annot_kws={'stat':'r'}でstatというキーワード引数に'r'という値が指定されたのと同じ状態となる．そしてjointplot()内部でstatがannotate()に渡され，annotate()内部でformat()文によって'{stat} = {val:.2g}; p = {p:.2g}'の{stat}の部分にstatの値が埋め込まれる．その結果，"r=0.78"のように相関係数を表す文字列が'r'に置き換わるというわけである．

以上のことが理解できれば，引数annot_kwsを通じてannotate()に渡すtemplateを指定すれば自由に注釈の書式を変えることができる．以下の例では，相関係数とp値の間で改行して2行とし，相関係数の値を小数点以下2桁，pの値を小数点以下3桁の固定小数点で出力するように設定している．図 11.4 の出力例と見比べて，なぜこのように出力されるのかじっくりと考えてほしい．なお，template以外の引数も同時に指定する例として，locに'upper left'を指定して注釈の位置を左上に固定している点にも注目してほしい．

コード 11.5　annot_kwsを用いたjointplot()の注釈のカスタマイズ
```
1  import seaborn as sns
2  dataset = sns.load_dataset('car_crashes')
3  sns.jointplot('alcohol', 'no_previous', data=dataset, kind='reg',
4      annot_kws={'template':'相関係数 {val:.2f}\np値 {p:.3f}',
5          'loc':'upper left'})
```

11.5 ディレクトリ内のすべてのファイルに対して処理を行う

ここまでデータファイル名が数値の連番になっている例を取り上げてきたが，実際のデータファイルは規則的に命名されていない場合もあるだろう．そのような場合はPythonのosパッケージを用いるとよい[*3)]．osパッケージは非常に多機能なので，ここではディレクトリからデータファイルを探す際に便利な関数(表 11.3)の紹介にとどめる．

ディレクトリに含まれるファイルやディレクトリの一覧を得るには，os.listdir()を用いる．引数はディレクトリのパスを表す文字列である．カレントディレクトリは'.'で表せるので，IPythonコンソールから以下のように実行するとカレントディレクトリのファイル一覧が得られる．

```
1  In [1]: import os
2
3  In [2]: os.listdir('.')
4  Out[2]:
5  ['data01.csv',
6   'data02.csv',
7  (以下略)
```

カレントディレクトリ以外のディレクトリにあるファイルを処理したいなら，引数にそのディレクトリへのパスを文字列で指定すればよい．パスは相対パスでも絶対パスでも使用できる．

os.listdir()とfor文と組み合わせれば，ディレクトリ内に含まれるファイルを順番に処理することができる．その際，表11.3に示したos.pathサブモジュールの関数を使うと特定の拡張子を持つファイルだけを対象としたり，ファイルとディレクトリを区別したりすることができる．以下の例を見てみよう．

コード 11.6 指定したディレクトリ内の CSV ファイルを開く

```
1  import os
2  import pandas as pd
3
4  target_directory = 'C:/work'  # データファイルを探すディレクトリ
5
6  for item in os.listdir(target_directory):
7      full_path = os.path.join(target_directory, item)
8      if os.isfile(full_path):  # ファイルか？
9          (base_name, ext) = os.path.splitext(item)   # ファイル名の拡張子
```

[*3)] 本書では紙面の都合上紹介できないが，glob, pathlib というパッケージも有効である．

11. グラフをファイルに保存する

表 11.3 ディレクトリに含まれるデータファイルの読み込みに便利な関数

os モジュール	
listdir()	引数に指定したディレクトリに含まれるファイルやディレクトリ名を並べた list オブジェクトを返す.
walk()	指定したディレクトリに含まれるファイル名を順番に取り出すジェネレーターオブジェクトを返す. for 文と組み合わせて使用する. ディレクトリ内にサブディレクトリが含まれる場合はその中まで網羅してくれる.
os.path サブモジュール	
join()	任意の個数の文字列を引数として受け取り,それらを順番に結合したパスを返す.パスの区切り文字は実行中の OS に応じて適切なものが用いられる.
isfile()	引数として渡された文字列がファイルを表していれば True, さもなくば False を返す.
isdir()	引数として渡された文字列がディレクトリを表していれば True, さもなくば False を返す.
splitext()	引数として渡されたパス文字列を,拡張子とそれより上位の要素に分割する.

```
          を分離
10        if ext == '.csv':   # 拡張子は'.csv'か?
11            dataset = pd.read_csv(full_path)   # データを読み込む
12        # 以下,グラフの描画などを行う
```

この例では C:/work というディレクトリ内にある CSV ファイルを順番に開いている. グラフを描くなどの処理を追加する場合は 12 行目以降に追加する.

6 行目で for 文と os.listdir() を組み合わせて使用している. os.listdir() を評価すると C:/work に含まれるファイルを並べた list オブジェクトが得られるので, このような書き方が可能である. 8 行目の os.isfile() は, 引数に指定したパスがファイルであれば True, ファイルでなければ (例えばディレクトリ) False を返すので, このように if 文と組み合わせてファイルのみを処理対象とすることができる. 注意が必要なのが 7 行目である. listdir() はファイル (やディレクトリ) 名のみを返すので, カレントディレクトリ以外の場所にあるファイルに対して isfile() を使ったり read_csv() で開いたりするためには完全なパスを指定する必要がある. そこで役に立つのが 7 行目の join() である. join() は任意の個数の文字列を引数にとり, それらを結合したパス文字列を返す. 以下に Windows 上の Spyder での join() の実行例を示す. Windows ではパスの区切り文字が '\' なので \\ で結合されているが [4], 他の OS で実行するとその OS の区切り文字で結合される.

```
1  In [3]: os.path.join('C:', 'work', 'data', '001.csv')
2  Out[3]: 'C:work\\data\\001.csv'
```

---

[4] Python の文字列内で \ を表現するためにエスケープ文字を使って '\\' と表示されていることに注意.

9 行目の splitext() は，引数として渡された文字列を拡張子とそれより前の部分に分割する．分割結果は以下のように tuple オブジェクトとして得られる．

```
1  In [4]: os.path.splitext('C:/work/data/001.csv')
2  Out[4]: ('C:/work/data/001', '.csv')
```

9 行目では変数 item，すなわち for 文で os.listdir() から得られたファイル名を引数として splitext() を実行しているが，今回のスクリプトでは拡張子しか使わないので full_path を引数として渡しても構わない．もう 1 つ 9 行目で注目すべきは，= 演算子の左辺である．tuple オブジェクトが戻り値の場合，このように左辺式に戻り値と同じ要素数の変数を並べた tuple を書くと，戻り値の tuple の各要素が左辺式の tuple の対応する変数に代入される．これは list オブジェクトなどでは使用できないテクニックなので注意すること．

ここまでくればあとは拡張子が '.csv' であるかを確認するだけである．10 行目の if 文の条件式が True であれば，現在処理中のファイルが拡張子 csv のファイルであることが確定するので [*5]，11 行目のように read_csv() で開けばよい．

11.6 サブディレクトリ内も含めてすべてのファイルに対して処理を行う

listdir() は便利な関数だが，データファイルが調査年度や調査対象別にディレクトリに分割されている場合には個々のディレクトリに対して listdir() を行う必要があって面倒である．このような場合でも，データファイルを格納したディレクトリが上位のディレクトリにまとめられているならば os パッケージの walk() ですべてのディレクトリを自動的に巡回することができる．以下にコード 11.6 を walk() を使って書き直した例を示す．

コード 11.7 サブディレクトリも含めてすべての CSV ファイルを開く
```
1  import os
2  import pandas as pd
3  
4  target_directory = 'C:/work'  # データファイルを探すディレクトリ
5  
6  for (root, dirs, files) in os.walk(target_directory):
7      for file in files: # 現在のディレクトリに含まれるファイルを順に確認
8          (base_name, ext) = os.path.splitext(file) # 拡張子を分離
9          if ext == '.csv':
10             dataset = pd.read_csv(os.path.join(root, file))
11             # 以下，グラフの描画などを行う
```

[*5] 大文字を小文字に変換する lower() というメソッドを用いて ext.lower()=='.csv' とすれば，拡張子に大文字が用いられていても対応できる．

6 行目の listdir() が walk() になっているのが主な変更点である．walk() は引数として与えられたパス内のすべてのサブディレクトリを巡回して，その中に含まれるディレクトリとファイルの一覧を返すジェネレーターオブジェクトというものを返す．for 文と組み合わせると，繰り返しのたびに「現在注目しているディレクトリのパスを表す文字列，そのディレクトリに含まれるディレクトリの一覧，そのディレクトリに含まれるファイルの一覧」の 3 要素の tuple オブジェクトが得られる．6 行目ではこの tuple の 3 要素をそれぞれ root, dirs, files という変数に代入している．

今回はファイルを処理したいので，dirs は無視して 7 行目で files の要素を順番に取り出す for 文を開始している．listdir() の場合と異なり walk() の場合は files に含まれているのはファイル名であることがわかっているので，isfile() は不要である．8 行目以降は基本的にコード 11.6 と同じだが，listdir() の場合と異なり見つけたファイルは target_directory ではなくサブディレクトリに存在している可能性がある．したがって，join() でファイルのパスを得る場合は 10 行目のように target_directory ではなく root と結合する必要がある．

以上で複数のファイルを一括で処理する方法についての解説を終えるが，os パッケージには他にも便利な関数が用意されているのでぜひ各自で調べてみてほしい．

12 データの抽出と関数の高度な活用

12.1 スライスによるデータの抽出

　前章までは，ファイルから読み込んだデータをプロットする際に使用する列を様々な形で選択してきたが，プロットに使用する行を選択する方法については一切触れなかった．本節では，各列の値の一部のみを取り出してプロットする方法を解説する．
　使用したい範囲が「最初の行から100行目まで」のように行で指定できるならば，スライスと呼ばれる演算が便利である．具体例を見ながらの方がわかりやすいと思うのでまず例を挙げよう．

```
1  In [1]: seq = [0, 1, 2, 3, 4, 5, 6, 7]
2
3  In [2]: seq[3:6]      ← インデックス3以上6未満
4  Out[2]: [3, 4, 5]
```

　まず1行目で0から7までの整数を並べた要素数8のlistを作成している．3行目はlistオブジェクトから要素を取り出す[]演算子を使っているが，前章までの用法と異なり[]の中に:で区切って2つの値が書かれている．これがスライスと呼ばれる演算で，:の前の値以上，:の後ろの値未満のインデックスの要素を抽出する．この例ではseq[3:6]と書いているので，seqのインデックス3から5の値を抽出している．「以上と以下」ではなく「以上と未満」なのが少々ややこしいが，:の後ろの値から前の値を引くと，抽出される要素数になるというメリットがある．以下のように抽出範囲を式で書く時には特にわかりやすい．

```
1  In [3]: i = 3
2
3  In [4]: seq[i:i+4]    ← 4つの要素が抽出されることがわかりやすい
4  Out[4]: [3, 4, 5, 6]
```

　スライスは:の前後の数値を省略できる．:の前の値を省略すると最初から，後ろの値を省略すると最後までの値が抽出される．

```
1  In [5]: seq[:6]       ← インデックス6未満
2  Out[5]: [0, 1, 2, 3, 4, 5]
3
4  In [6]: seq[3:]       ← インデックス3以上
5  Out[6]: [3, 4, 5, 6, 7]
```

負の値を使用すると，末尾から数えることができる．-1 が最後の要素を表す．: の前後の数値のどちらか一方だけに負の値を指定することもできる．

```
1  In [7]: seq[-5:-2]    ← 末尾から数えて2番目から5番目まで
2  Out[7]: [3, 4, 5]
3
4  In [8]: seq[2:-2]     ← インデックス2以上で末尾から数えて2番目まで
5  Out[8]: [2, 3, 4, 5]
```

以下のように : で3つの値を区切ると，飛び飛びに要素を抽出できる．最初の値が抽出範囲の先頭，2番目の値が抽出範囲の末尾，3番目の値がインデックスの増分を表す．以下の例では3番目の値に2が指定されているので，インデックス 0, 2, 4,... と2ずつインデックスを増やしながら抽出している．

```
1  In [9]: seq[:7:2]     ← インデックス7未満でインデックスを2ずつ増加
2  Out[9]: [0, 2, 4, 6]
```

インデックスの増分にも負の値を使用できる．この場合はリストの末尾の方から抽出を始めてインデックスの値を減少させていく．これを利用すると，要素を逆順に並び替えることができる．

```
1  In [10]: seq[::-1]    ← 末尾から先頭までインデックスを1ずつ減少
2  Out[10]: [7, 6, 5, 4, 3, 2, 1, 0]
```

末尾が先頭より前を指していてもエラーにならない (空となる) が，インデックスに小数を指定するとエラーとなる．

```
1  In [11]: seq[6:3]     ← 末尾(6)が先頭(3)より前
2  Out[11]: []
3
4  In [12]: seq[3.0:6]   ← インデックス(3.0)が小数
5  Traceback (most recent call last):
6
7    File "<ipython-input-4-edd0c17a254b>", line 1, in <module>
8      seq[3.0:6]
9
10 TypeError: slice indices must be integers or None or have an
       __index__ method
```

普段は小数のインデックスなど指定することはないだろうが，目的のデータのイン

デックスを割り算で求めた時などには意図せずに小数を使ってしまうことがある．このような場合は int() で整数に変換するとよい．

```
1 In [13]: seq[int(18/6.0):6]   ← int() で整数にする
2 Out[13]: [3, 4, 5]
```

スライスによる演算は，tuple や文字列などの他のシーケンスにも使用することができる．seaborn の `load_dataset()` や pandas の `read_csv()`，`read_excel()` でデータを読み込んだ際に得られる DataFrame オブジェクトでも使用できるので，11 行目から 20 行目までのデータを使用するといったことが簡単にできる．

```
 1 In [14]: dataset = sns.load_dataset('iris')
 2
 3 In [15]: dataset[11:21]
 4 Out[15]:
 5     sepal_length  sepal_width  petal_length  petal_width species
 6 11           4.8          3.4           1.6          0.2  setosa
 7 12           4.8          3.0           1.4          0.1  setosa
 8 (中略)
 9 19           5.1          3.8           1.5          0.3  setosa
10 20           5.4          3.4           1.7          0.2  setosa
```

12.2 条件式によるデータの抽出

データファイルにはすべての曜日のデータが入力されているが，土曜日と日曜日のデータだけを使用したいという場合を考えよう．目的の曜日のデータが連続した行に入力されていれば前節の方法で取り出せるが，ばらばらな順番に入力されていたら困難である．このような場合，list や tuple などのシーケンスでは for 文を使って要素を 1 つずつ確認して抽出する必要があるが，pandas の DataFrame では条件式を用いたデータの抽出ができる．

tips データセットを使って手順を確認しよう．まず tips データセットを変数 dataset に読み込み，dataset['day'] として day の列データを得る．この列データと 'Sun' という文字列を比較演算子==を使って比較すると，以下のように True と False が並んだオブジェクトが得られる．このオブジェクトは pandas の Series というクラスのオブジェクトである．DataFrame の列もまた Series のオブジェクトである．

```
1 In [16]: dataset = sns.load_dataset('tips')
2
3 In [17]: dataset['day'] == 'Sun'
4 Out[17]:
5 0         True
```

```
 6  1           True
 7  (中略)
 8  242         False
 9  243         False
10  Name: day, Length: 244, dtype: bool
```

件数が多いので確認するのが大変だが，day の値が 'Sun' ならば True，それ以外であれば False となっている．このように，Series オブジェクトに対して比較演算子を用いると，個々の要素に対して比較を行った結果をまとめたものが得られる．

この比較演算の結果を使うと，演算結果において True である行だけを DataFrame オブジェクトから抽出することができる．下記の通り実行してみて，dataset[i_Sun] の出力において day の列がすべて Sun となっていることを確認してほしい．

```
 1  In [18]: i_Sun = dataset['day'] == 'Sun'
 2
 3  In [19]: dataset[i_Sun]
 4  Out[19]:
 5       total_bill   tip     sex  smoker  day   time   size
 6  0         16.99  1.01  Female      No  Sun  Dinner     2
 7  1         10.34  1.66    Male      No  Sun  Dinner     3
 8  (中略)
 9  189       23.10  4.00    Male     Yes  Sun  Dinner     3
10  190       15.69  1.50    Male     Yes  Sun  Dinner     2
11
12  [76 rows x 7 columns]
```

「土曜日または日曜日」の行を抽出するには以下のように論理演算子 or を使えばいいように思えるが，これはエラーとなる．

```
 1  In [20]: dataset['day'] == 'Sun' or dataset['day'] == 'Sat'
 2  Traceback (most recent call last):
 3
 4    File "<ipython-input-32-3cb897c79f8e>", line 1, in <module>
 5      dataset['day'] == 'Sun' or dataset['day'] == 'Sat'
 6
 7  (中略)
 8
 9  ValueError: The truth value of a Series is ambiguous. Use a.empty,
        a.bool(), a.item(), a.any() or a.all().
```

このエラーを読み解くのは難しい．最後の行に The truth value of a Series is ambiguous. とあるが，これは or 演算子の対象となっているオブジェクトが True なのか False なのか定めることができないということである．続けて Use a.empty, a.bool(),... と書かれているのでこれらのいずれかを使えばいいのかと思うかも知れな

12.2 条件式によるデータの抽出

いが，残念ながらいずれもうまくいかない．この論理演算を行うには，本書では未紹介の演算子である|を使わなければならない．以下のように実行して，dayの列がSunとSatとなっている行がTrueとなっていることを確認してほしい．

```
1  In [20]: (dataset['day'] == 'Sun') | (dataset['day'] == 'Sat')
2  0      True
3  1      True
4  (中略)
5  242    True
6  243    False
7  Name: day, Length: 244, dtype: bool
```

|はビット演算子とよばれるものの一種で，演算子の両辺にSeriesオブジェクトを置くと，それぞれのSeriesオブジェクトの対応する行毎に論理和を求めたSeriesオブジェクトが得られる．==演算子の計算を ( ) で囲っているのは，|の優先順位が==より高いからである．( ) で囲まないと先に'Sun' | dataset['day']が評価されてしまいエラーとなる．

論理和を求めたい場合は同じくビット演算子の一種である&を用いる．以下の例は日曜日 (day列が'Sun') かつ女性 (sex列が'Female') となる行を抽出する．この例のように，|や&は両辺のSeriesオブジェクトの行数が同じであれば異なる行同士でも計算できる．

```
1  In [21]: (dataset['day'] == 'Sun') & (dataset['sex'] == 'Female')
2  0      True
3  1      False
4  (中略)
5  242    False
6  243    False
7  Length: 244, dtype: bool
```

以上のように便利な条件式によるデータの抽出だが，最初に述べた通りlistやtuple，文字列といった一般的なシーケンスオブジェクトでは使用できない．試しに以下のように比較演算子==をlistオブジェクトに適用すると，左辺と右辺が等しくないので単にFalseが返されるのみである．

```
1  In [20]: ['Sun', 'Fri', 'Sun', 'Sat', 'Thr'] == 'Sun'
2  Out[20]: False
```

また，[] 内にTrue, Falseを並べたシーケンスを使ってTrueに該当する要素を抽出することもlistやtupleではできない．以下のように，インデックスは整数かスライスでなければいけないというエラーが返ってくる．

```
1  In [21]: days = ['Sun', 'Fri', 'Sun', 'Sat', 'Thr']
```

```
2
3  In [22]: days[[True, False, True, False, False]]
4  Traceback (most recent call last):
5
6    File "<ipython-input-25-ccb27d1b54fd>", line 1, in <module>
7      days[[True, False, True, False, False]]
8
9  TypeError: list indices must be integers or slices, not list
```

list や tuple のデータに対して本節の処理を行うには，この処理に対応しているクラスのオブジェクトに変換すればよい．例えば 3.8 節で紹介した NumPy の ndarray オブジェクトはこの処理に対応している．

```
1  In [23]: days = np.array(['Sun', 'Fri', 'Sun', 'Sat', 'Thr'])
2
3  In [24]: days[[True, False, True, False, False]]
4  Out[24]:
5  array(['Sun', 'Sun'],
6        dtype='<U3')
```

本節のテクニックを利用すると，6.7 節の seaborn の `heatmap()` で一部のセルを描画しないようにするための行列 (マスク行列) を簡単に用意できる．例えば変数 `heatmap_data` にプロット用のデータが格納されている時，その値が 0.0 以上のセルのみをプロットしたい場合は，以下のようにマスク行列を用意すればいい．0.0 以上のセルが True，それ以外のセルが False となる行列を得ることができる．

```
1  In [24]: mask = heatmap_data >= 0.0
```

12.3 データに対して計算を行う

NumPy には，ndarray オブジェクトのようなデータを取りまとめる際に便利なクラスだけではなく，数値計算を行うための関数なども数多く含まれている．表 12.1 に基礎的な関数の例を挙げる．

表 12.1 の関数のうち，最後の `corrcoef()` 以外は基本的に 1 つの引数をとる．例えば平方根を求める `sqrt()` であれば，以下のようにすると list の各要素の平方根を並べた ndarray オブジェクトを返す．この例のように，引数は ndarray オブジェクトである必要はないが，戻り値は ndarray オブジェクトとなる．

```
1  In [1]: import numpy as np
2
3  In [2]: np.sqrt([1, 2, 3, 4])
4  Out[2]: array([ 1.        ,  1.41421356,  1.73205081,  2.        ])
```

12.3 データに対して計算を行う

表 **12.1** NumPy の基礎的な数学関数と統計関数

`sin()`	正弦関数	`cos()`	余弦関数
`tan()`	正接関数	`rad2deg()`	ラジアンから度へ
`deg2rad()`	度からラジアンへ	`round()`	四捨五入
`floor()`	小数点以下切り捨て	`ceil()`	小数点以下切り上げ
`sum()`	要素の和	`prod()`	要素の積
`diff()`	隣り合う要素の差	`exp()`	指数関数
`log()`	対数関数	`log10()`	常用対数関数
`sqrt()`	平方根	`abs()`	絶対値
`min()`	最小値	`max()`	最大値
`mean()`	平均値	`var()`	分散
`std()`	標準偏差	`median()`	中央値
`corrcoef()`	相関係数		

`corrcoef()` は相関係数を求める関数なので，要素数が等しいデータ列を 2 つ以上必要とする．以下の例では要素数 3 の list を 2 つ渡している．解は相関行列として出力されるので，出力の右上または左下の値 (0.8660254) が求める相関係数である．

```
In [3]: np.corrcoef([1,2,3], [1,1,3])      ← 2つの引数
Out[3]:
array([[ 1.       ,  0.8660254],            ← 2×2の行列
       [ 0.8660254,  1.       ]])
```

単独の引数で 3 行以上のデータを与えると，行間での相関係数行列を返す．以下の例では 3 行 4 列のデータを渡しているので，3 × 3 の相関行列が得られる．

```
In [4]: np.corrcoef([[1,2,3,4], [1,1,3,1], [1, 1,-2,-3]])
Out[4]:                                          ← 3行の引数
array([[ 1.       ,  0.25819889, -0.93933644],
       [ 0.25819889,  1.       , -0.40422604],   ← 3×3の行列
       [-0.93933644, -0.40422604,  1.       ]])
```

`var()` は分散を求める関数だが，`ddof` という引数で分散を計算する際に分母から引く数値を指定できる．したがって，`ddof=0` ならば標本分散，`ddof=1` ならば不偏分散を計算できる．デフォルト値は `ddof=0` である．標準偏差を求める関数 `std()` でも同様に `ddof` で標本標準偏差と不偏標準偏差を計算できる．

```
In [5]: np.std([1, 3, 4, 2])         ← ddofの指定がないので標本標準偏差
Out[5]: 1.1180339887498949

In [6]: np.var([1, 3, 4, 2], ddof=1) ← ddof=1なので不偏分散
Out[6]: 1.6666666666666667
```

pandas の `read_csv()` や seaborn の `load_dataset()` でファイルからデータを読み込んで作成した DataFrame オブジェクトおよび Series オブジェクトには，`mean()`， var(), std(), sum(), prod(), abs() といった関数がメソッドとして用意されている．これらのメソッドは，内部で対応する NumPy の関数を呼び出している．以下に使用例を示す．

```
1  In [7]: dataset = sns.load_dataset('iris')
2
3  In [8]: dataset.mean()         ← DataFrame のメソッドとして実行
4  Out[8]:
5  sepal_length    5.843333
6  sepal_width     3.057333
7  petal_length    3.758000
8  petal_width     1.199333
9  dtype: float64
10
11 In [9]: dataset['sepal_length'].mean()   ← Series のメソッドとして実行
12 Out[9]: 5.843333333333335
```

ある列の数値を対数変換して，変換後の値を元の列に上書きしたい時には以下のようにする．上書きすると言っても読み込み元のファイルを書き換えるわけではないので，ファイルを読み込み直せば元の値を復元できる．

```
1  In [10]: dataset['sepal_length'] = np.log(dataset['sepal_length'])
```

元の値を DataFrame オブジェクト内に残しておきたい場合は，計算結果を別の変数に代入すればよい．seaborn でグラフを描く際には，以下のように x は data で指定した DataFrame の列名，y は変数名といったように組み合わせて使うことができる．

```
1  In [11]: log_sepal_length = np.log(dataset['sepal_length'])
2
3  In [12]: sns.jointplot(x='sepal_width', y=log_sepal_length,
           data=dataset)
```

DataFrame 内に存在しない列名をキーとして代入すれば，計算結果を DataFrame オブジェクトに新たな列として追加することもできる．先ほど計算した log_sepal_width を 'log_sepal_width' という列名で追加するには以下のようにすればよい．

```
1  In [13]: dataset['log_sepal_length'] = log_sepal_width
```

本書では紙面の都合もありこれ以上の解説は控えるが，NumPy も pandas も非常に便利なパッケージなので，本書の内容を理解できたらぜひこれらのパッケージを扱った書籍へとステップアップしてほしい．

12.4 グラフに使用される統計量および当てはめ関数の変更

NumPy の関数について解説したので，第 6 章で解説を保留した barplot() の

12.4 グラフに使用される統計量および当てはめ関数の変更

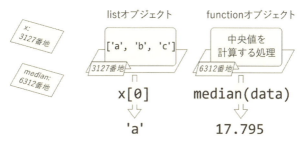

図 12.1 list オブジェクトと function オブジェクト．関数の名前も他のオブジェクトと同様，その処理内容が置かれている場所を指し示している．

estimator という引数 (表 6.1, p.65) をようやく取り上げることができる．

barplot() や pointplot() ではデータの平均値がグラフにプロットされていたが，estimator はこれを平均値以外の値に変更するための引数である．estimator には，データを引数に受け取って単独の値を返す関数を指定する．以下の例では，NumPy の median() を使って中央値をプロットしている．ただし seaborn と NumPy は import 済みとする．

```
In [1]: dataset = sns.load_dataset('tips')

In [2]: sns.barplot(x='day', y='total_bill', hue='smoker',
    data=dataset, estimator=np.median)
```

もちろんポイントは estimator=np.median という部分だが，median に () が付いていないことに注意してほしい．実は，Python において関数は function というクラスのオブジェクトであり，関数の名前は変数のように「関数が置いてあるアドレス」を指しているだけに過ぎない (第 3 章)．

もう一度復習しておくと，x=['a','b','c'] とすると list オブジェクトが作られて，その置き場所を記した x というアドレスカードが作られるのだった (図 12.1 左)．x[0] とすると，x が指している場所にある list オブジェクトからインデックス 0 の要素を取り出すという処理が行われて，'a' という値が得られる．これと同じことで，np.median という名前はある場所を記したアドレスカードに過ぎず，その場所には「渡されたデータの中央値を計算する」という function オブジェクトが置かれている (図 12.1 右)．np.median(data) とすると，data の中央値を計算するという処理が行われてその結果が得られるというわけだ．np.median が単なる名前に過ぎないことは，以下のように別の変数に代入しても実行できることからもわかる．

```
In [4]: data = [1, 4, 6, 3, 2]

In [5]: np.median(data)        普通に np.median() を使う
Out[5]: 3.0
```

```
5
6  In [6]: f = np.median     ← f に代入
7
8  In [7]: f(data)           ← f は np.median と同じオブジェクト
9  Out[7]: 3.0                 を指しているので結果も同じとなる
```

このような理由で，estimator=np.median と書けば barplot() に「中央値を計算するという処理」を渡すことができるのである．

estimator と同様に関数を受け取る引数としては，やはり解説を先送りにしていた read_csv() の skiprows および converters (4.2 節, p.44) と jointplot() の stat_func (6.4 節, p.72)，distplot() の fit (6.4 節, p.72) が挙げられる．

6.4 節で述べたように，jointplot() はデフォルトではピアソンの相関係数と p 値を注釈として出力するが，stat_func を使うと注釈で表示する統計量を計算する関数を指定することができる．この関数は 2 つのデータ列を引数にとり，1 つまたは 2 つの数値を返すものであればなんでもよい．戻り値が 1 つの場合は統計量と解釈され，p 値は出力されない．戻り値が 2 つの場合は統計量と p 値と解釈される．

以上を踏まえた上で stat_func を指定する例を示したいところだが，Python の標準関数や NumPy の関数にちょうどいいものがないので **SciPy** というパッケージを使ってみよう．SciPy は科学技術計算のために開発されている Python パッケージで，様々な分野で用いられる計算を行う関数がまとめられている．SciPy のサブモジュールの 1 つである scipy.stats には統計処理に関する関数がまとめられており，ピアソンの相関係数を求める pearsonr()，スピアマンの順位相関係数を求める spearmanr()，ケンドールの順位相関係数を求める kendalltau() などが含まれている．これらの関数はいずれも「2 つのデータ列を引数にとり，1 つまたは 2 つの数値を返す」という条件を満たしているので，jointplot() の stat_func に使用することができる．以下にスピアマンの順位相関係数を注釈に表示する例を示す．

```
1  In [8]: import scipy.stats as stats
2
3  In [9]: dataset = sns.load_dataset('tips')
4
5  In [10]: sns.jointplot(x='total_bill', y='tip', data=dataset,
              stat_func=stats.spearmanr)
```

distplot() の fit には，分布への当てはめに用いる確率分布を指定する．scipy.stats に様々な確率分布が定義されているので，これを利用することができる．以下の例ではガンマ分布 (scipy.stats.gamma) を分布に当てはめている．kde=False はカーネル密度分布を表示しない設定，fit_kws では当てはめたガンマ分布の曲線の色を指定している．

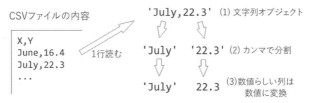

図 12.2　read_csv() による CSV ファイル読み込み時のデータ変換.

```
In [11]: dataset = sns.load_dataset('car_crashes')

In [12]: sns.distplot(dataset['alcohol'], kde=False, fit=stats.gamma,
    fit_kws={'color':'blue'})
```

残るは read_csv() の skiprows と converters だが，これら引数の使用例を示すにあたってさらに解説すべきことがあるのでここでいったん区切りとしよう．

12.5　自作の関数を用いてデータ読み込み時に変換を行う

図 12.2 は read_csv() が CSV ファイルを読み込む時の作業を概念的に示したものである．実際にはもっといろいろな処理を行っているので，あくまでおおよその流れを示したものと思ってほしい．CSV ファイルはテキストファイルなので，データは文字列オブジェクトとして 1 行ずつ読み込まれる (図 12.2 の (1))．カンマの位置で分割された後 (図 12.2 の (2))，数値データと思われる列の文字列が数値に変換される (図 12.2 の (3))．4.2 節で紹介した read_csv() の引数 dtype は (3) の段階でどの型に変換するかを指定すると考えるとよい．

一方，本節で取り上げる read_csv() の converters は，(2) の段階において行う処理を指定するものである．うまく利用すると，dtype では実現が困難な変換を行うことができる．指定方法は dtype と同様で，変換したい列をキー，変換に用いる関数を値とする dict オブジェクトで指定する (4.2 節参照)．以下に data.csv というファイルの X という列の値を f() という関数で変換するように指定する例を示す．

```
In [1]: pd.read_csv('data.csv', converters={'X':f})
```

なお，dtype と converters を同時に使用すると，以下のような警告メッセージが表示される．メッセージに書かれている通り，converters の設定のみが有効となる．

```
In [2]: pd.read_csv('data.csv', dtype=np.float64, converters={'X':f})
__main__:1: ParserWarning: Both a converter and dtype were specified
    for column y - only the converter will be used
```

では具体例として，12.3 節で取り上げた「数値列を対数変換する処理」を converters

で実現してみよう．12.3 節では seaborn の `load_dataset()` でデータを用意したが，ここでは `read_csv()` を使ってファイルの読み込みを行わないといけない．そこで，以下の内容の data.csv というファイルがカレントディレクトリにあるものとする．

コード 12.1 data.csv の内容

```
1  month,x
2  May,17.3
3  June,19.7
4  July,24.2
```

この data.csv を読み込む際に，列 x の値を対数変換したい．素直に考えれば以下のように converters に`{'x':np.log'}`という dict オブジェクトを渡せばよいはずだが，残念ながらうまくいかない．

```
1  In [3]: dataset = pd.read_csv('data.csv', converters={'x':np.log})
2  Traceback (most recent call last):
3  (中略)
4  TypeError: ufunc 'log' not supported for the input types, and the
       inputs could not be safely coerced to any supported types
       according to the casting rule ''safe''
```

難解なエラーだが，'log' not supported for the input types とあるのだから `np.log()` に不適切な入力が渡されていることは想像がつく．ここでもう一度図 12.2 を確認してほしい．先ほど converters は図の (2) の段階で行う処理を指定すると述べたが，(2) の段階ではデータは数値に変換されておらず文字列のままである．文字列に対して対数が計算できないのは当たり前である．以下のように文字列を `np.log()` の引数に与えて評価させてみると，確かに同じエラーが表示されることがわかる．

```
1  In [4]: np.log('19.7')
2  Traceback (most recent call last):
3
4    File "<ipython-input-48-eafd5566d0ca>", line 1, in <module>
5      np.log('19.7')
6
7  TypeError: ufunc 'log' not supported for the input types, and the
       inputs could not be safely coerced to any supported types
       according to the casting rule ''safe''
```

ということは，このエラーを回避するためには，文字列で表現された数値を浮動小数点型の値に変換する必要があるということだ．この変換には `float()` が使えるが (3.6 節)，converters に`{'x':float}`と指定してしまうと `np.log()` を指定できない．converters に指定する関数は，単独で目的とする変換を行うことができなければならないのである．

12.5 自作の関数を用いてデータ読み込み時に変換を行う

こういった時に便利なのが，新たに独自の関数を作成することができる def 文である．以下に float() で文字列を数値に変換してから np.log() を計算する str_log() という関数を作る例を示す．

コード 12.2 数値への変換と対数変換を一気に行う関数
```
1 def str_log(s):
2     x = float(s)
3     return np.log(x)
```

1 行目の def の後に続く str_log が新たに作成する関数の名前で，それに続く () 内には関数が受け付ける引数をカンマ区切りで列挙する．この例では，s という引数が定義されている．そして，: で区切った後にこの関数で行う処理を記述する．for 文などと同様に，後続の行をインデントすることによって複数の文をブロックとすることができる．この例では 2 行目，3 行目が関数で行う処理である．2 行目で s の値を float() で数値に変換して x に代入し，3 行目で np.log(x) として対数に変換している．3 行目の return は初めて出てきた文だが，これは return の後に続く式の評価結果を関数の戻り値として関数を終了する働きを持つ．return 文がないままにブロックの最後まで処理が進んだ場合は None が返される．

コード 12.2 で定義した str_log() ならば，以下のように read_csv() の converters に指定することができる．

```
1 In [5]: dataset = pd.read_csv('data.csv', converters={'x':str_log})
2
3 In [6]: dataset
4    month    x
5 0    May  2.850707
6 1   June  2.980619
7 2   July  3.186353
```

続いて skiprows だが，この引数に関数を指定すると，データファイルを読み込む際に読み飛ばす行を柔軟に指定することができる．具体的には「読み込んだ行のインデックスを引数として受け取り，読み飛ばす行に対して True，読み飛ばさない行に対して False を返す関数」を指定する．以下の例を見てみよう．

```
1 def check_rows(i):
2     if i%5 == 0:
3         return True
4     return False
```

この関数 [1] は，引数 i を 5 で割った余りが 0 であれば True，それ以外は False

---

[1] Python の lambda 式や三項演算子を使えば lambda i:True if i%5==0 else False と書いて直接 skiprows の引数にすることもできる．

を返す (%演算子については p.20 の表 3.2 参照).したがって,この関数を以下のように read_csv() の skiprows に指定すると,インデックスが 0, 5, 10…の行を読み飛ばす.ある程度の行数 (例えば 20 行以上) がある CSV ファイルを用意して各自で確認してみること.

```
In [7]: dataset = pd.read_csv('data.csv', skiprows=check_rows)
```

最後に,converters に自作の関数を使う例をもう 1 つ紹介しておこう.seaborn の tips データセットの smoker という列の値は 'Yes' または 'No' だが,これを '喫煙者','非喫煙者' に変換したいとする.さらに,day という列の値は,'Thur','Fri','Sat','Sun' だが,これを '木','金','土','日' に変換したいとする.いずれの列も,予想外の値が入力されていた場合は変換しないものとしよう.以下のスクリプトは,読み込み時にこれらの変換を行う.

コード 12.3 読み込み時に文字列データを変換する

```
import pandas as pd
import seaborn as sns
import os

def cvt_smoker(s):
    if s == 'Yes':
        return '喫煙者'
    elif s == 'No':
        return '非喫煙者'
    return s

def cvt_day(s):
    day_dict = {'Thur':'木', 'Fri':'金', 'Sat':'土', 'Sun':'日'}
    if s in day_dict.keys():
        return day_dict[s]
    return s

datafile = os.path.join(sns.utils.get_data_home(), 'tips.csv')
if not os.path.isfile(datafile):
    sns.load_dataset('tips', cache=True)

dataset = pd.read_csv(datafile, converters={'smoker':cvt_smoker,
    'day':cvt_day})
print(dataset)
```

実行結果は以下の通りである.

```
    total_bill   tip     sex smoker day   time  size
0        16.99  1.01  Female  非喫煙者   日  Dinner     2
1        10.34  1.66    Male  非喫煙者   日  Dinner     3
```

```
4  (中略)
5  242      17.82    1.75    Male    非喫煙者    土    Dinner    2
6  243      18.78    3.00    Female  非喫煙者    木    Dinner    2
7
8  [244 rows x 7 columns]
```

　この例は本書で学んできたことの復習に最適なので，第4章，7章，11章などを参考にしながらぜひ読者のみなさんが読み解いてほしい．1つだけ補足しておくと，tips データセットは seaborn の `load_dataset()` を使用した時に保存されるキャッシュから読み込もうとしている．18〜20 行目では tips データセットのキャッシュが seaborn の標準のデータディレクトリに存在しているか確認し，存在していなければ `load_dataset()` を実行してキャッシュを作成している．

12.6　ローカルスコープとグローバルスコープ

　前節のコード 12.3 では，単一のスクリプト内で複数の関数の定義と呼び出しを行った．このようなスクリプトを書く際に注意しなければならない点の1つに，「変数などの名前が有効となる範囲」がある．具体例がないと説明しにくいので，以下のスクリプトを作成してほしい．

コード 12.4　名前が利用できる範囲のテスト
```
1  # coding:utf-8
2  import numpy as np
3
4  def str_log(s):
5      x = float(s)
6      return np.log(x)
7
8  s = 'test'
9  x = 1.0
10
11 str_log('19.7')
12 print('終了')
```

　スクリプトができたら，IPython コンソール上で現在使用済みの変数をいったんすべて削除する．削除には%reset という IPython のマジックコマンドを使用する．IPython コンソールで%reset と入力すると「変数を削除すると復元できないが削除してよいか？(y/[n])」と聞いてくるのでキーボードの Y キーを押すとよい[*2)]．

[*2)]　y/n ならば Y キーか N キーのいずれかを押せという意味で，n が [] で囲まれているのは「Enter を押すと N を押したと見なす」という意味である．

172   12. データの抽出と関数の高度な活用

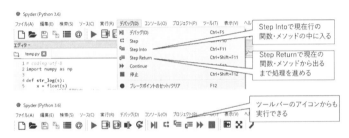

図 12.3 デバッグメニューの Step Into と Step Return

```
1  In [7]: %reset
2
3  Once deleted, variables cannot be recovered. Proceed (y/[n])? y
```

変数の削除が終わったら，Spyder のデバッガで 1 文ずつ実行して動作を確認しよう．8.3 節で述べた通り，1 文ずつデバッグするには Spyder のメニューまたはツールバーの「Step」を使用するのであった．忘れた人は 8.3 節を復習すること．

1 文ずつ実行すると，まず 2 行目の import numpy as np が実行され，空行の 3 行目を飛ばして 4 行目の def 文に進む．そして 4 行目の def 文を実行すると，5 行目ではなく一気に 8 行目に進むはずである．def 文は関数の定義を行うだけで，その時点では関数の中の文は実行されない．これは重要なポイントなのでぜひ覚えておきたい．

続いて 8 行目，9 行目の変数への値の代入を実行し，13 行目を実行する際に「Step」の代わりにメニューまたはツールバーの「Step Into」を実行してみよう (図 12.3)．「Step Into」はその行に含まれている関数やメソッドの「内」のコードを 1 行ずつ実行するコマンドで，この例では 11 行目の文に含まれている関数 str_log() の「内」へ進むため 4 行目へジャンプする．

「Step Into」で 4 行目に来た後にまた「Step」を実行すると，今度は関数の「内」のコードを実行するので 5 行目へ処理が進む．5 行目の実行を終えて 6 行目で待機している時点で，Spyder の変数エクスプローラーの内容を確認してほしい．s は 11 行目で str_log('19.7') として引数として渡された値，x は 5 行目の float() で変換された値が代入されているので，s の値は str 型の '19.7'，x の値は float 型の 19.7 となっている (図 12.4 左)．変数エクスプローラーを表示したまま「Step」を実行し，6 行目を実行すると関数の実行が終了し[*3)]，関数の呼び出し元である 11 行目の次の行，すなわち 12 行目へジャンプする．この時，変数エクスプローラーの s と x の値が図 12.4 右のように変化することを確認してほしい．これらの値は，str_log() を実行する前に 8 行目，9 行目で代入した値から変化していない．つまり，str_log()

---

*3) 6 行目は式の評価と return の実行のため 2 回「Step」を実行する必要がある．

12.6　ローカルスコープとグローバルスコープ

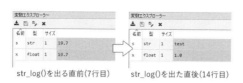

str_log()を出る直前(7行目)　　str_log()を出た直後(14行目)

図 12.4　関数から出ると変数の値が切り替わる

の「内」の s, x と「外」の s, x は同じ名前ながら別物なのである．Python では，関数の内部で代入された変数 (この例では x) はその関数の内部でのみ利用できる変数となる．これをローカル変数と呼ぶ．引数 (この例では s) も関数の呼び出し時に値が代入されるのでローカル変数となる．さらに，スクリプト内である名前を利用できる範囲をその名前のスコープと呼び，関数内のようにスクリプトの一部分でのみ利用できるスコープをローカルスコープと呼ぶ．

　str_log() 内の s や x に対して，6 行目の np.log は 2 行目，すなわち str_log() の「外」で定義された名前である．その np.log が str_log() の「内」である 6 行目で利用できるということは，「外」で定義された名前は関数の「内」でも使用できるということを意味している．このように，スクリプト全体を範囲とするスコープをグローバルスコープと呼ぶ．グローバルスコープを持つ変数をグローバル変数と呼ぶ．

　もしすべての名前がグローバルスコープを持っていたら，関数の内部でうっかり関数の「外」にある変数の値を変更してしまう恐れがある．ローカルスコープは，そのような失敗をしてしまう心配をせずに関数を作成することができる非常に大切な仕組みなので，しっかりと覚えておきたい．

　関数の作成方法については，他にも引数のデフォルト値の設定方法や，任意の個数の引数をとる関数の定義の方法など，重要なテクニックがたくさんあるが，本書での解説はここまでとしたい．本書の内容だけでも様々なグラフを描くことができるように解説してきたつもりだが，実際に使用すれば「こんなことができたらいいのにな」とか「これはどうすれば実現できるのだろう」と思うことがきっとあるだろう．その時にはより網羅的な Python の入門書や，専門的なテーマを取り扱った解説書に進んでいただければ幸いである．

A
付　　　録

A.1　matplotlib のグラフの構造

第 9 章ではグラフの体裁を整えるためのテクニックを紹介したが，さらに詳細な調整を行う必要が生じた場合のために，本節では matplotlib のグラフの構造の概略を示す．

図 A.1 はグラフを構成する要素の名称を示している．公式ドキュメントで用いられている名称がグラフのどの部分を指しているのかわからない時や，インターネット上で検索をする際に調整したい部分の名称を調べる時に参考になるだろう．

図 A.2 はグラフを構成するオブジェクトの関係を示している．白い四角形はオブジェクトで，内側に大きな文字で書かれているのがオブジェクトのクラス，その下に小さな文字で書かれているのが簡単な説明である．灰色の楕円はオブジェクトをまとめた list や dict オブジェクトを表している [*1]．

例えば図 A.2 上段の中央に Axes と書かれた四角形があるが，これは Axes オブジェクトを表している．Axes オブジェクトから右に向かって get_xaxis()，xaxis と書かれた矢印が伸びていて，その先に XAxis と書かれたオブジェクトがある．これは，Axes オブジェクトの get_xaxis() メソッドか，xaxis というデータ属性を用いて XAxis オブジェクトにアクセスすることができることを示している．同様に，Axes オブジェクトから上に向かって spines と書かれた矢印の先に spines という灰色の円があり，その中には「Spine オブジェクトの dict」と書かれているが，これは Axes オブジェクトの spines というデータ属性を使って Spines オブジェクトをまとめた dict オブジェクトにアクセスできることを示している．

具体例を挙げてみよう．以下のように pointplot() を実行して折れ線グラフを作成し，変数 ax に pointplot() の戻り値を格納する．

```
In [2]: dataset = sns.load_dataset('tips')
In [3]: ax = sns.pointplot(x='day', y='total_bill', hue='smoker',
    data=dataset)
```

第 9 章で述べた通り，ax に格納されるのは Axes オブジェクトである．図 A.2 より，このオブジェクトの xaxis というデータ属性に X 軸に対応する XAxis オブジェクトが格納されているはずである．以下のようにすると確認できる．

```
In [4]: ax.xaxis
Out[4]: <matplotlib.axis.XAxis at 0x22ac987f4a8>
```
　　この値に注目

図 A.2 では，Axes オブジェクトから XAxis オブジェクトに向かう矢印に get_xaxis() というメソッドが書かれているので，このメソッドを使っても同じ XAxis オブジェクトを得ることができる．上記の xaxis データ属性でアクセスした場合と XAxis at... 以降の値が同

[*1] 正確には list や dict のように使用できる別のオブジェクトでまとめられている場合もある．

A.1 matplotlib のグラフの構造　　175

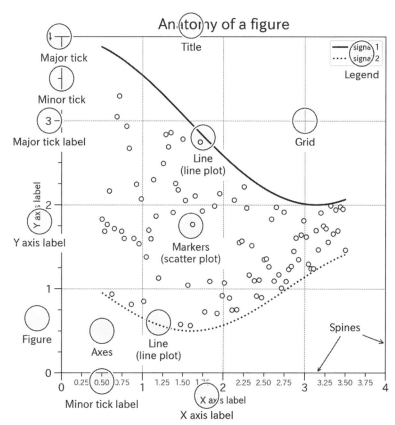

図 A.1　matplotlib のグラフの構成要素.

じであることを確認してほしい．この値はオブジェクトが置かれている場所を表しており，同じ値であれば同じオブジェクトであることを意味している．

```
1 In [5]: ax.get_xaxis()
2 Out[5]: <matplotlib.axis.XAxis at 0x22ac987f4a8>
```
先ほどと同じ値

続いて spines データ属性にアクセスしてみる．OrderedDict オブジェクトに Spine オブジェクトがまとめられていることがわかる．図 A.1 を確認すると，Spine というのはグラフの枠に対応していることがわかる [*2]．

```
1 In [6]: ax.spines
2 Out[6]:
```

[*2] 9.5 節で紹介した，枠を取り除く despine() 関数の名前はこの Spine に由来する．

176   A. 付　　録

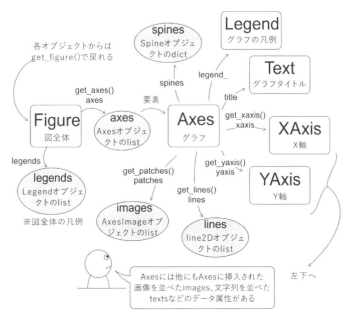

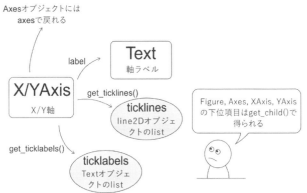

図 A.2　グラフを構成するオブジェクトの関係. 白い四角はオブジェクト, 灰色の円はオブジェクトをまとめた list や dict を表す. 矢印は他のオブジェクトへアクセスするメソッドまたはデータ属性を表す.

```
3  OrderedDict([('left', <matplotlib.spines.Spine at 0x22ac9c95438>),
4              ('right', <matplotlib.spines.Spine at 0x22ac9c956d8>),
5              ('bottom', <matplotlib.spines.Spine at 0x22ac9c95c50>),
6              ('top', <matplotlib.spines.Spine at 0x22ac9c95fd0>)])
```

OrderedDict オブジェクトは通常の dict のようにキーを使って値にアクセスできるので,

以下のようにすれば 'top' というキーに対応する Spine オブジェクトが得られる．これはグラフの枠の上側の部分に対応している．

```
1  In [7]: ax.spines['top']
2  Out[7]: <matplotlib.spines.Spine at 0x22ac9c95fd0>
```

図 A.2 の矢印は基本的に左から右へ，グラフの全体から部分へ向かって描かれているが，逆方向に辿りたい時は各オブジェクトに用意されている get_figure() メソッドまたは figure データ属性を使うとよい [*3]．これらを使用すると，そのオブジェクトが含まれている Figure オブジェクトが得られる．

```
1  In [8]: top_spine = ax.spines['top']
2
3  In [9]: top_spine.get_figure()        top_spine を含む Figure が得られる
```

Figure オブジェクトには axes というデータ属性があり，その Figure 内に含まれるグラフが list にまとめられている．現在の例では Figure 内に 1 つしかグラフが描かれていないので，Axes オブジェクトも 1 つである．

```
1  In [10]: figure = top_spine.get_figure()
2  In [11]: figure.axes
3  Out[11]: [<matplotlib.axes._subplots.AxesSubplot at 0x22ac9c95c88>]
```

したがって，Figure オブジェクトの axes[0] にアクセスすれば元の Axes オブジェクトに戻ってくることができる．以下のように出発点となった ax を確認すると，確かに at... の後の値が一致していることがわかる．

```
1  In [12]: ax
2  Out[12]: <matplotlib.axes._subplots.AxesSubplot at 0x22ac9c95c88>
```

グラフを構成する各オブジェクトには，get_ や set_ から始まる名前のメソッドが用意されている．get_ メソッドはオブジェクトの現在の状態を返し，set_ メソッドは状態を更新する．例えば先ほどの Spine オブジェクトには get_edgecolor(), get_linestyle(), get_linewidth() といったメソッドがあり，それぞれ現在の色，線種，線幅を得ることができる．これらの値は set_edgecolor(), set_linestyle(), set_linewidth() で更新することができる．他にどのようなメソッドが用意されているかは，3.9 節の Spyder の補完機能や第 5 章の help() を使って調べることができる．

よく使いそうなメソッドを表 A.1 (Axes オブジェクト)，表 A.2 (XAxis/YAxis オブジェクト)，表 A.4 (Text オブジェクト)，表 A.3 (Legend オブジェクト)，表 A.5 (Line2D オブジェクト)，表 A.6 (Patch オブジェクト) に挙げておくので，詳細はヘルプドキュメントなどで確認してほしい．なお，Text オブジェクトはグラフタイトル，軸ラベル，目盛ラベル，凡例などの文字を描画しているオブジェクトであり，一部だけ文字色を変更したい場合などにこのオブジェクトのメソッドを利用する必要があるだろう．Line2D オブジェクトはグラフ中の線に対応するオブジェクトで，軸，枠線，目盛線やエラーバー，pointplot() で描いた折れ線グラフなどに対応している．エラーバーや折れ線グラフの Line2D オブジェクトをまと

[*3] オブジェクトによっては axes や axis というデータ属性で Axes や XAxis/YAxis オブジェクトに戻れる場合もある．

表 A.1 Axes オブジェクトの主な get/set メソッド

メソッド	get/set	概要
set_aspect()	get/set	Axes の現在のアスペクト比 (縦横比) を設定する.
set_axis_off()	set のみ	軸を描画しないように設定する.
set_axis_on()	set のみ	軸を描画するように設定する.
set_facecolor()	get/set	Axes の現在の色 (プロットエリアの背景色) を設定する.
set_frame_on()	get/set	枠を描画するか設定する.
set_position()	get/set	Figure 内における Axes の位置を設定する.
set_title()	get/set	Axes のタイトルを設定する.
set_xlabel()	get/set	X 軸のラベルを得る.
set_xlim()	get/set	X 軸の範囲を設定する.
get_xmajorticklabels()	get のみ	X 軸の major tick label の list を得る.
get_xminorticklabels()	get のみ	X 軸の minor tick label の list を得る.
set_xticklabels()	get/set	X 軸の目盛ラベルを設定する.
get_xticklines()	get のみ	X 軸の目盛線の list を得る.
set_xticks()	get/set	X 軸の目盛位置を決定する.
set_ylabel()	get/set	Y 軸のラベルを得る.
set_ylim()	get/set	Y 軸の範囲を設定する.
get_ymajorticklabels()	get のみ	Y 軸の major tick label の list を得る.
get_yminorticklabels()	get のみ	Y 軸の minor tick label の list を得る.
set_yticklabels()	get/set	Y 軸の目盛ラベルを設定する.
get_yticklines()	get のみ	Y 軸の目盛線の list を得る.
set_yticks()	get/set	Y 軸の目盛位置を決定する.

注) get/set を両方サポートするメソッドは set のみ記載.

表 A.2 XAxis/YAxis オブジェクトの主な get/set メソッド

メソッド	get/set	概要
set_label()	get/set	軸ラベルを設定する.
set_label_position()	get/set	軸ラベルの位置を設定する.
set_tick_params()	set のみ	目盛および目盛ラベルの設定を変更する.
set_ticklabels()	get/set	目盛ラベルを設定する.
get_ticklines()	get のみ	目盛線の list を得る.
set_ticks()	set のみ	目盛位置を設定する.
get_ticks_direction()	get のみ	目盛線の向きを得る.
set_ticks_position()	get/set	目盛の位置 (Axes の上下左右など) を設定する.

注) get/set を両方サポートするメソッドは set のみ記載.

めた list にアクセスするには，Axes オブジェクトの get_lines() メソッドか lines データ属性を利用すればよい．以下の例では lines に格納されている最初の Line2D オブジェクトの線幅を 3.0 に設定している．

```
1  ax = sns.pointplot('day', 'tip', hue='smoker', data=dataset)
2  ax.lines[0].set_linewidth(3.0)
```

Axes オブジェクトの minor ticks 関連のメソッド (表 A.1) は，グラフに minor ticks が設定されていなければ空の list が得られるだけである．minor ticks を追加するには set_xticks(),

A.1 matplotlib のグラフの構造

表 A.3 Legend オブジェクトの主な get/set メソッド

メソッド	get/set	概要
set_frame_on()	get/set	凡例の枠を描くか否かを設定する.
get_lines()	get のみ	凡例内に含まれる Line2D オブジェクトの list を得る.
get_patches()	get のみ	凡例内に含まれるパッチオブジェクトの list を得る.
get_texts()	get のみ	凡例内のテキストの list を得る.
set_title()	get/set	凡例のタイトルを設定する.
set_visible()	get/set	凡例を表示するか否かを設定する.

注) get/set を両方サポートするメソッドは set のみ記載.

表 A.4 Text オブジェクトの主な get/set メソッド

メソッド	get/set	概要
set_backgroundcolor()	set のみ	テキストの背景色を設定する.
set_color()	get/set	テキストの色を設定する.
set_family()	get/set	テキストの font family を設定する.
set_fontproperties()	get/set	テキストのフォントプロパティを設定する.
set_fontsize()	get/set	テキストのフォントサイズを設定する.
set_fontname()	get/set	テキストの font name を設定する.
set_horizontalalignment()	get/set	テキストの水平方向の位置揃えを設定する.
set_position()	get/set	テキストの位置を設定する.
set_rotation()	get/set	テキストの回転角度を設定する.
set_style()	get/set	テキストのフォントスタイル (italic など) を設定する.
set_verticalalignment()	get/set	テキストの垂直方向の位置揃えを設定する.
set_weight()	get/set	テキストのフォントウェイトを設定する.

注) get/set を両方サポートするメソッドは set のみ記載.

表 A.5 Line2D オブジェクトの主な get/set メソッド

メソッド	get/set	概要
set_color()	get/set	線の色を設定する.
set_fillstyle()	get/set	マーカーの塗りつぶし方を設定する.
set_linestyle()	get/set	線のスタイル (破線など) を設定する.
set_linewidth()	get/set	線の幅を設定する.
set_marker()	get/set	マーカーを設定する.
set_markeredgecolor()	get/set	マーカーの輪郭線の色を設定する.
set_markeredgewidth()	get/set	マーカーの輪郭線の幅を指定する.
set_markerfacecolor()	get/set	マーカーの塗りつぶし色を指定する.
set_markersize()	get/set	マーカーの大きさを指定する.

注) get/set を両方サポートするメソッドは set のみ記載.
　　seaborn では独自の方法でマーカーを描くのでマーカー関連のメソッドは機能しない.

表 A.6 Patch オブジェクトの主な get/set メソッド

メソッド	get/set	概要
set_edgecolor()	get/set	輪郭線の色を設定する.
set_facecolor()	get/set	塗りつぶし色を設定する.
set_fill()	get/set	塗りつぶすか否かを設定する.
set_hatch()	get/set	ハッチングを設定する. PostScript, PDF, SVG, Agg バックエンドでのみ有効.
set_linestyle()	get/set	輪郭線のスタイル (破線など) を設定する.
set_linewidth()	get/set	輪郭線の幅を設定する.

注) get/set を両方サポートするメソッドは set のみ記載.

set_yticks() で minor=True を指定する [*4]. set_xticklabels(), set_yticklabels() ではフォントの色や大きさも指定できるので，major ticks や minor ticks のラベルを一括で設定する際にはこの方法を用いると効率がよい．以下の例では Y 軸に minor tick を追加し，ラベルのフォントサイズを赤，フォントサイズを 5.0 に変更している．

```
1  ax = sns.barplot('day', 'tip', hue='smoker', data=dataset)
2  ax.set_yticks([0, 1, 2, 3, 4])
3  ax.set_yticks([0.5, 1.5, 2.5, 3.5], minor=True)
4  ax.set_yticklabels([0.5, 1.5, 2.5, 3.5], minor=True, color='red',
      size=5.0)
```

Patch オブジェクトとは，円や長方形といった図形を描くオブジェクトである [*5]．barplot() で描いた棒グラフなどに対応している．これらのオブジェクトにアクセスするには，Axes オブジェクト get_patches() メソッドまたは patches データ属性を使用する．以下の例では patches に格納されている最初のオブジェクトの輪郭線の色を塗りつぶし色と同じ色にして，破線にしてから塗りつぶしを解除している．

```
1  ax = sns.barplot('day', 'tip', hue='smoker', data=dataset)
2  ax.patches[0].set_edgecolor(ax.patches[0].get_facecolor())
3  ax.patches[0].set_linestyle(':')
4  ax.patches[0].set_fill(False)
```

[*4] XAxis/YAxis オブジェクトの set_minor_locator() というメソッドで高度な設定が可能だが，ここでは省略する．

[*5] 正確には Patch クラスは円や長方形を描くクラスの基底クラスだが，本書ではクラスの継承について解説していないのでこのように表現した．

索　　引

欧数字

**kwarg　61
__init__　78

Anaconda　2
append()　110
argument　11
attribute　36

barplot()　64
boxplot()　78
break　92

cell(Spyder)　106
character　21
class　33
continue　92
countplot()　80
CSS4　119
CSVファイル　38

data attribute　36
def文　169
dict型　28
distplot()　69
dpi　118

element　24
empty string　22
evaluate　11
Excelファイル　50
expression　11
extension　39

float型　21
for文　87
function　11

heatmap()　81

if文　90
index　25
int型　21

jointplot()　72

keyword argument　13

list型　24
load_dataset()　55
lvplot()　79

magic command　42
method　36
module　14

null string　22
NumPy　33, 162

object　21
operator　17

package　15
pairplot()　75
pandas　40
path　40
pointplot()　67
positional argument　13

print()　88

range()　110
rcParams(matplotlib)　86
read_clipboard()　55
read_csv()　44
read_excel()　50
return value　11
root　41

SciPy　166
self(引数)　60
sentence　9
sequence　24
string　21
stripplot()　79
str型　21
swarmplot()　79

try～except文　96
tuple型　24
type　21

variable　17
violinplot()　79

while文　95

あ　行

位置引数　13
イミュータブル　26
色
　　HLS表現　120
　　HUSL表現　123

索　引

RGB 色表現　120
　エラーバーの色を変更　65
　線の色を変更　179
　パレットによる設定　121
　プロットエリアの色を変更　178
　文字の色を変更　179
インタプリタ　1
インデックス　25

エスケープ文字　23
演算子　17
　算術演算子　19
　代入演算子　17
　単項演算子　30
　二項演算子　30
　比較演算子　29
　ビット演算子　161
　論理演算子　29

オブジェクト　21

か　行

改行文字　22
拡張子　39
型　21
空文字列　22
カレントディレクトリ　41
関数　11

キー　28
キーワード　18
キーワード引数　13
キャッシュ　57

区切り文字の指定　44, 55
クラス　33
グラフ
　IPython 上でグラフを再出力する　133
　大きさを変更する　118, 139
　全般的な調整を行う　115
　タイトルの変更　131
　複数のグラフを並べる　136, 139
　プロットエリアの色を変更する　119, 178
　枠を非表示にする　124, 178
グラフの種類
　折れ線グラフ　67
　カーネル密度推定　69
　回帰直線　72
　散布図　72
　散布図行列　75
　等高線図　73
　箱ひげ図　78
　ヒートマップ　80
　ヒストグラム　69, 80
　ペアプロット　75
　棒グラフ　64
クリップボード　55
グローバルスコープ　173

コンテキスト　115
コンパイラ　1

さ　行

シーケンス　24
式　11
軸
　minor ticks を追加する　180
　X 軸と Y 軸の交点の変更　129
　左右 (上下) に異なる軸を設定する　134
　軸の反転　129
　軸ラベルや目盛ラベルがはみ出す　145
　非表示にする　178
　目盛位置と目盛ラベルの変更　128, 178
　ラベルの変更　130, 178
指数表記　19

条件式　91

スクリプト　1, 102
スコープ　173
スタイル　115
スライス　157

正規表現　55
絶対パス　40
線
　色を変更　179
　端の形状を変更　117
　幅を変更　116, 130, 179

相対パス　40
ソースファイル　102

た　行

タブ区切り　44
ディストリビューション　2
ディレクトリツリー　40
データ属性　36
テキストファイル　38
デバッガ　111
デバッグ　109
デフォルト値　12

な　行

ヌル文字列　22

は　行

バグ　109
パス　40
バックスラッシュ　22
パッケージ　15
凡例
　位置の指定　132
　削除する　135
　タイトルを変更する　179
　非表示にする　179
　枠を消す　179

索　引

引数　11
評価　11

フォント
　色を変更　179
　大きさを変更　117, 179
　回転角度を変更　179
　フォントの設定　95, 97
　フォントの入手とインストール　97
浮動小数点数　21
ブレークポイント　112
ブロック　89
プロンプト　9
文　9
　import 文　14

式文　11
制御文　89
代入文　17
複文　88

ペイン　8
変数　17
　グローバル変数　173
　ローカル変数　173

ま　行

マジックコマンド　42
マルチインデックス　45
丸め誤差　20

ミュータブル　26

メソッド　36

文字　21
モジュール　14
文字列　21
戻り値　11

や　行

要素　24
予約語　18

ら　行

ルート　41

ローカルスコープ　173

著者略歴

十河　宏行（そごう　ひろゆき）

1973 年　大阪府に生まれる
2001 年　京都大学大学院文学研究科博士後期課程修了
現　在　愛媛大学法文学部准教授
　　　　博士（文学）

実践 Python ライブラリー
はじめての Python & seaborn
―グラフ作成プログラミング―

定価はカバーに表示

2019 年 2 月 1 日　初版第 1 刷

　　　　　　　　　　　　　著　者　十　河　宏　行
　　　　　　　　　　　　　発行者　朝　倉　誠　造
　　　　　　　　　　　　　発行所　株式会社　朝　倉　書　店
　　　　　　　　　　　　　　　　　東京都新宿区新小川町 6-29
　　　　　　　　　　　　　　　　　郵便番号　162-8707
　　　　　　　　　　　　　　　　　電　話　03(3260)0141
　　　　　　　　　　　　　　　　　ＦＡＸ　03(3260)0180
〈検印省略〉　　　　　　　　　　　　http://www.asakura.co.jp

Ⓒ 2019〈無断複写・転載を禁ず〉　　　　　中央印刷・渡辺製本

ISBN 978-4-254-12897-0　C 3341　　Printed in Japan

JCOPY 〈(社)出版者著作権管理機構　委託出版物〉

本書の無断複写は著作権法上での例外を除き禁じられています．複写される場合は，そのつど事前に，(社)出版者著作権管理機構（電話 03-3513-6969, FAX 03-3513-6979, e-mail: info@jcopy.or.jp）の許諾を得てください．